n° A1362 - Nivel Fácil

3	4		
	1		
		2	
	3		4

n° A1279 - Nivel Fácil

	4	3	
3			
			1
	1	2	

n° A1520 - Nivel Fácil

1			3
		2	
	1		
4			2

n° A1487 - Nivel Fácil

	3		2
			3
	4		
1		4	

n° A139 - Nivel Fácil

	1	2	
			1
3			
	4	3	

n° A1553 - Nivel Fácil

	2		4
		2	
	1		
3		1	

n° A1557 - Nivel Fácil

			4
	4	2	
	1	3	
3			

n° A1566 - Nivel Fácil

	2		4
			3
	1		
2		4	

n° A192 - Nivel Fácil

1		3	
			2
4			
	1		3

n° A1277 - Nivel Fácil

	4		3
3			
			1
1		2	

n° A1325 - Nivel Fácil

2		1	
	1		
		3	
	3		4

n° A1484 - Nivel Fácil

1			2
			3
		1	
4			3

n° A1387 - Nivel Fácil

3			4
	4		
		1	
1			2

n° A178 - Nivel Fácil

		3	
4			1
2			3
	4		

n° A1537 - Nivel Fácil

4			3
		4	
	2		
1			2

n° A1507 - Nivel Fácil

1			3
			1
	2		
4			2

Soluciones :

3	2	4	1
4	1	3	2
1	4	2	3
2	3	1	4

n° A1362 - Nivel Fácil

1	4	3	2
3	2	1	4
2	3	4	1
4	1	2	3

n° A1279 - Nivel Fácil

1	2	4	3
3	4	2	1
2	1	3	4
4	3	1	2

n° A1520 - Nivel Fácil

4	3	1	2
2	1	3	4
3	4	2	1
1	2	4	3

n° A1487 - Nivel Fácil

4	1	2	3
2	3	4	1
3	2	1	4
1	4	3	2

n° A139 - Nivel Fácil

1	2	3	4
4	3	2	1
2	1	4	3
3	4	1	2

n° A1553 - Nivel Fácil

2	3	1	4
1	4	2	3
4	1	3	2
3	2	4	1

n° A1557 - Nivel Fácil

3	2	1	4
1	4	3	2
4	1	2	3
2	3	4	1

n° A1566 - Nivel Fácil

1	2	3	4
3	4	1	2
4	3	2	1
2	1	4	3

n° A192 - Nivel Fácil

2	4	1	3
3	1	4	2
4	2	3	1
1	3	2	4

n° A1277 - Nivel Fácil

2	4	1	3
3	1	4	2
4	2	3	1
1	3	2	4

n° A1325 - Nivel Fácil

1	3	4	2
2	4	3	1
3	1	2	4
4	2	1	3

n° A1484 - Nivel Fácil

3	1	2	4
2	4	3	1
4	2	1	3
1	3	4	2

n° A1387 - Nivel Fácil

1	2	3	4
4	3	2	1
2	1	4	3
3	4	1	2

n° A178 - Nivel Fácil

4	1	2	3
2	3	4	1
3	2	1	4
1	4	3	2

n° A1537 - Nivel Fácil

1	4	2	3
2	3	1	4
3	2	4	1
4	1	3	2

n° A1507 - Nivel Fácil

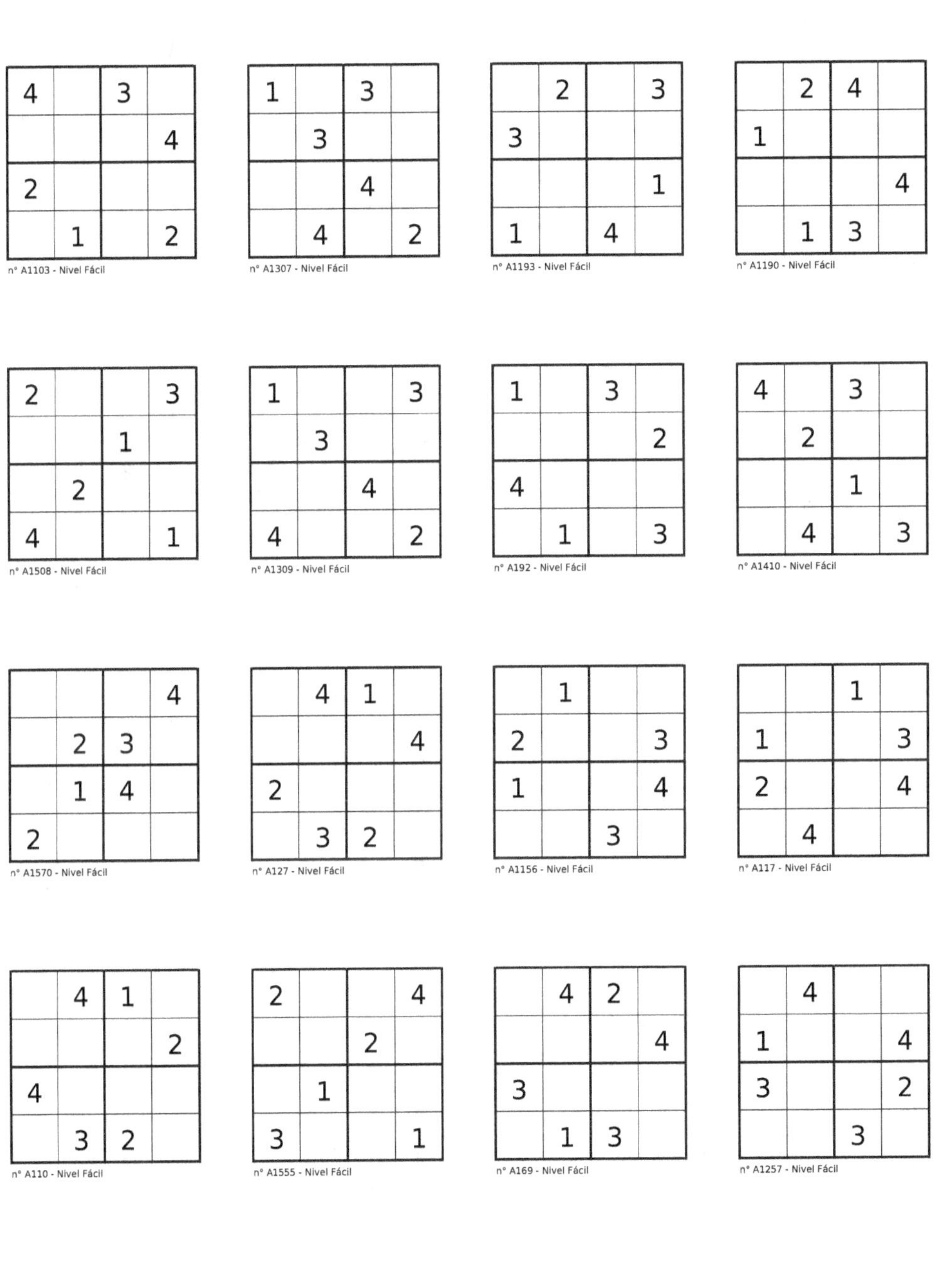

n° A1103 - Nivel Fácil

n° A1307 - Nivel Fácil

n° A1193 - Nivel Fácil

n° A1190 - Nivel Fácil

n° A1508 - Nivel Fácil

n° A1309 - Nivel Fácil

n° A192 - Nivel Fácil

n° A1410 - Nivel Fácil

n° A1570 - Nivel Fácil

n° A127 - Nivel Fácil

n° A1156 - Nivel Fácil

n° A117 - Nivel Fácil

n° A110 - Nivel Fácil

n° A1555 - Nivel Fácil

n° A169 - Nivel Fácil

n° A1257 - Nivel Fácil

Soluciones :

4	2	3	1
1	3	2	4
2	4	1	3
3	1	4	2

n° A1103 - Nivel Fácil

1	2	3	4
4	3	2	1
2	1	4	3
3	4	1	2

n° A1307 - Nivel Fácil

4	2	1	3
3	1	2	4
2	4	3	1
1	3	4	2

n° A1193 - Nivel Fácil

3	2	4	1
1	4	2	3
2	3	1	4
4	1	3	2

n° A1190 - Nivel Fácil

2	1	4	3
3	4	1	2
1	2	3	4
4	3	2	1

n° A1508 - Nivel Fácil

1	4	2	3
2	3	1	4
3	2	4	1
4	1	3	2

n° A1309 - Nivel Fácil

1	2	3	4
3	4	1	2
4	3	2	1
2	1	4	3

n° A192 - Nivel Fácil

4	1	3	2
3	2	4	1
2	3	1	4
1	4	2	3

n° A1410 - Nivel Fácil

1	3	2	4
4	2	3	1
3	1	4	2
2	4	1	3

n° A1570 - Nivel Fácil

3	4	1	2
1	2	3	4
2	1	4	3
4	3	2	1

n° A127 - Nivel Fácil

3	1	4	2
2	4	1	3
1	3	2	4
4	2	3	1

n° A1156 - Nivel Fácil

4	3	1	2
1	2	4	3
2	1	3	4
3	4	2	1

n° A117 - Nivel Fácil

2	4	1	3
3	1	4	2
4	2	3	1
1	3	2	4

n° A110 - Nivel Fácil

2	3	1	4
1	4	2	3
4	1	3	2
3	2	4	1

n° A1555 - Nivel Fácil

1	4	2	3
2	3	1	4
3	2	4	1
4	1	3	2

n° A169 - Nivel Fácil

2	4	1	3
1	3	2	4
3	1	4	2
4	2	3	1

n° A1257 - Nivel Fácil

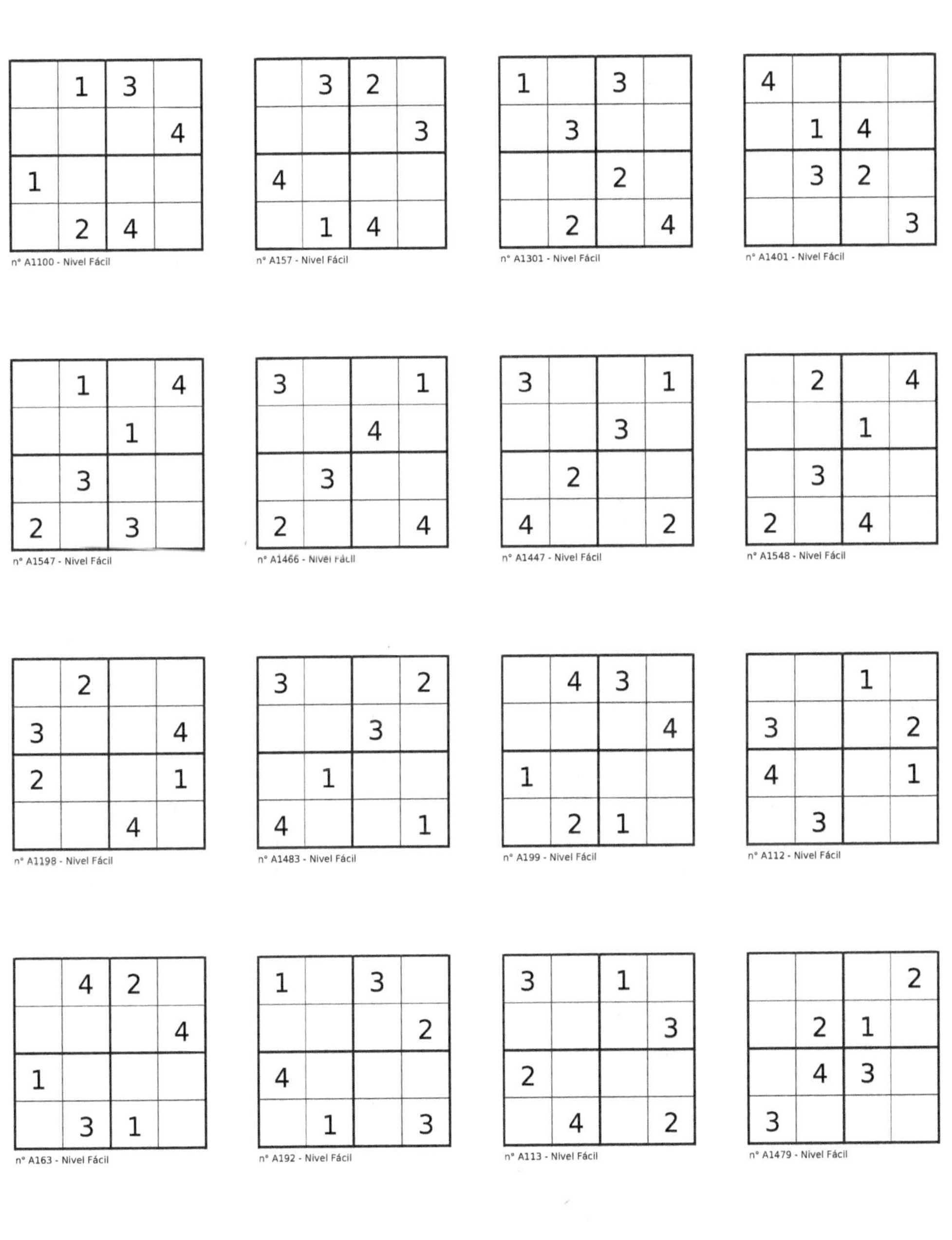

n° A1100 - Nivel Fácil
n° A157 - Nivel Fácil
n° A1301 - Nivel Fácil
n° A1401 - Nivel Fácil
n° A1547 - Nivel Fácil
n° A1466 - Nivel Fácil
n° A1447 - Nivel Fácil
n° A1548 - Nivel Fácil
n° A1198 - Nivel Fácil
n° A1483 - Nivel Fácil
n° A199 - Nivel Fácil
n° A112 - Nivel Fácil
n° A163 - Nivel Fácil
n° A192 - Nivel Fácil
n° A113 - Nivel Fácil
n° A1479 - Nivel Fácil

Soluciones :

4	1	3	2
2	3	1	4
1	4	2	3
3	2	4	1

n° A1100 - Nivel Fácil

1	3	2	4
2	4	1	3
4	2	3	1
3	1	4	2

n° A157 - Nivel Fácil

1	4	3	2
2	3	4	1
4	1	2	3
3	2	1	4

n° A1301 - Nivel Fácil

4	2	3	1
3	1	4	2
1	3	2	4
2	4	1	3

n° A1401 - Nivel Fácil

3	1	2	4
4	2	1	3
1	3	4	2
2	4	3	1

n° A1547 - Nivel Fácil

3	4	2	1
1	2	4	3
4	3	1	2
2	1	3	4

n° A1466 - Nivel Fácil

3	4	2	1
2	1	3	4
1	2	4	3
4	3	1	2

n° A1447 - Nivel Fácil

1	2	3	4
3	4	1	2
4	3	2	1
2	1	4	3

n° A1548 - Nivel Fácil

4	2	1	3
3	1	2	4
2	4	3	1
1	3	4	2

n° A1198 - Nivel Fácil

3	4	1	2
1	2	3	4
2	1	4	3
4	3	2	1

n° A1483 - Nivel Fácil

2	4	3	1
3	1	2	4
1	3	4	2
4	2	1	3

n° A199 - Nivel Fácil

2	4	1	3
3	1	4	2
4	2	3	1
1	3	2	4

n° A112 - Nivel Fácil

3	4	2	1
2	1	3	4
1	2	4	3
4	3	1	2

n° A163 - Nivel Fácil

1	2	3	4
3	4	1	2
4	3	2	1
2	1	4	3

n° A192 - Nivel Fácil

3	2	1	4
4	1	2	3
2	3	4	1
1	4	3	2

n° A113 - Nivel Fácil

1	3	4	2
4	2	1	3
2	4	3	1
3	1	2	4

n° A1479 - Nivel Fácil

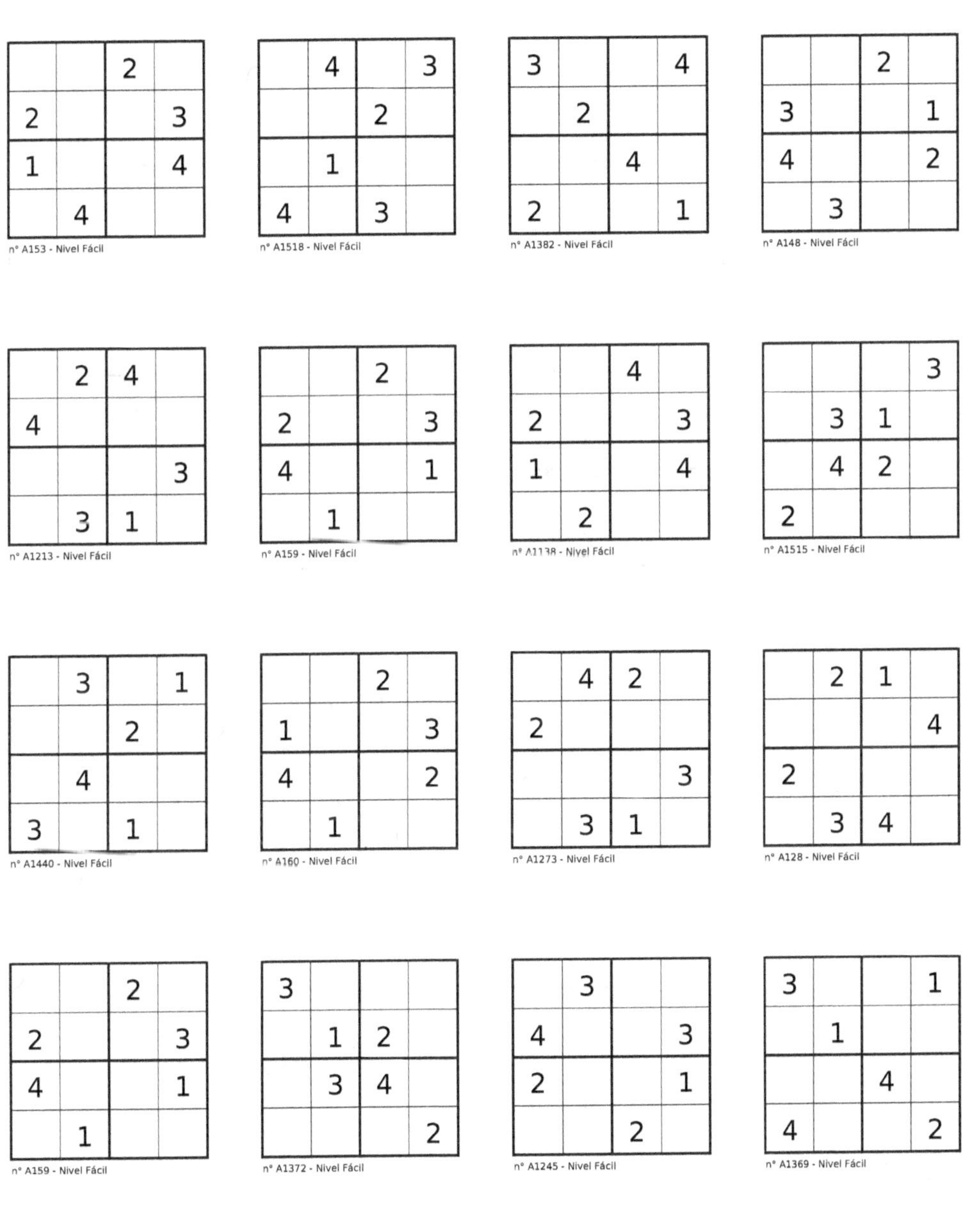

n° A153 - Nivel Fácil   n° A1518 - Nivel Fácil   n° A1382 - Nivel Fácil   n° A148 - Nivel Fácil

n° A1213 - Nivel Fácil   n° A159 - Nivel Fácil   n° A1138 - Nivel Fácil   n° A1515 - Nivel Fácil

n° A1440 - Nivel Fácil   n° A160 - Nivel Fácil   n° A1273 - Nivel Fácil   n° A128 - Nivel Fácil

n° A159 - Nivel Fácil   n° A1372 - Nivel Fácil   n° A1245 - Nivel Fácil   n° A1369 - Nivel Fácil

Soluciones :

4	3	2	1
2	1	4	3
1	2	3	4
3	4	1	2

n° A153 - Nivel Fácil

2	4	1	3
1	3	2	4
3	1	4	2
4	2	3	1

n° A1518 - Nivel Fácil

3	1	2	4
4	2	1	3
1	3	4	2
2	4	3	1

n° A1382 - Nivel Fácil

1	4	2	3
3	2	4	1
4	1	3	2
2	3	1	4

n° A148 - Nivel Fácil

3	2	4	1
4	1	3	2
1	4	2	3
2	3	1	4

n° A1213 - Nivel Fácil

1	3	2	4
2	4	1	3
4	2	3	1
3	1	4	2

n° A159 - Nivel Fácil

3	1	4	2
2	4	1	3
1	3	2	4
4	2	3	1

n° A1138 - Nivel Fácil

1	2	4	3
4	3	1	2
3	4	2	1
2	1	3	4

n° A1515 - Nivel Fácil

2	3	4	1
4	1	2	3
1	4	3	2
3	2	1	4

n° A1440 - Nivel Fácil

3	4	2	1
1	2	4	3
4	3	1	2
2	1	3	4

n° A160 - Nivel Fácil

3	4	2	1
2	1	3	4
1	2	4	3
4	3	1	2

n° A1273 - Nivel Fácil

4	2	1	3
3	1	2	4
2	4	3	1
1	3	4	2

n° A128 - Nivel Fácil

1	3	2	4
2	4	1	3
4	2	3	1
3	1	4	2

n° A159 - Nivel Fácil

3	2	1	4
4	1	2	3
2	3	4	1
1	4	3	2

n° A1372 - Nivel Fácil

1	3	4	2
4	2	1	3
2	4	3	1
3	1	2	4

n° A1245 - Nivel Fácil

3	4	2	1
2	1	3	4
1	2	4	3
4	3	1	2

n° A1369 - Nivel Fácil

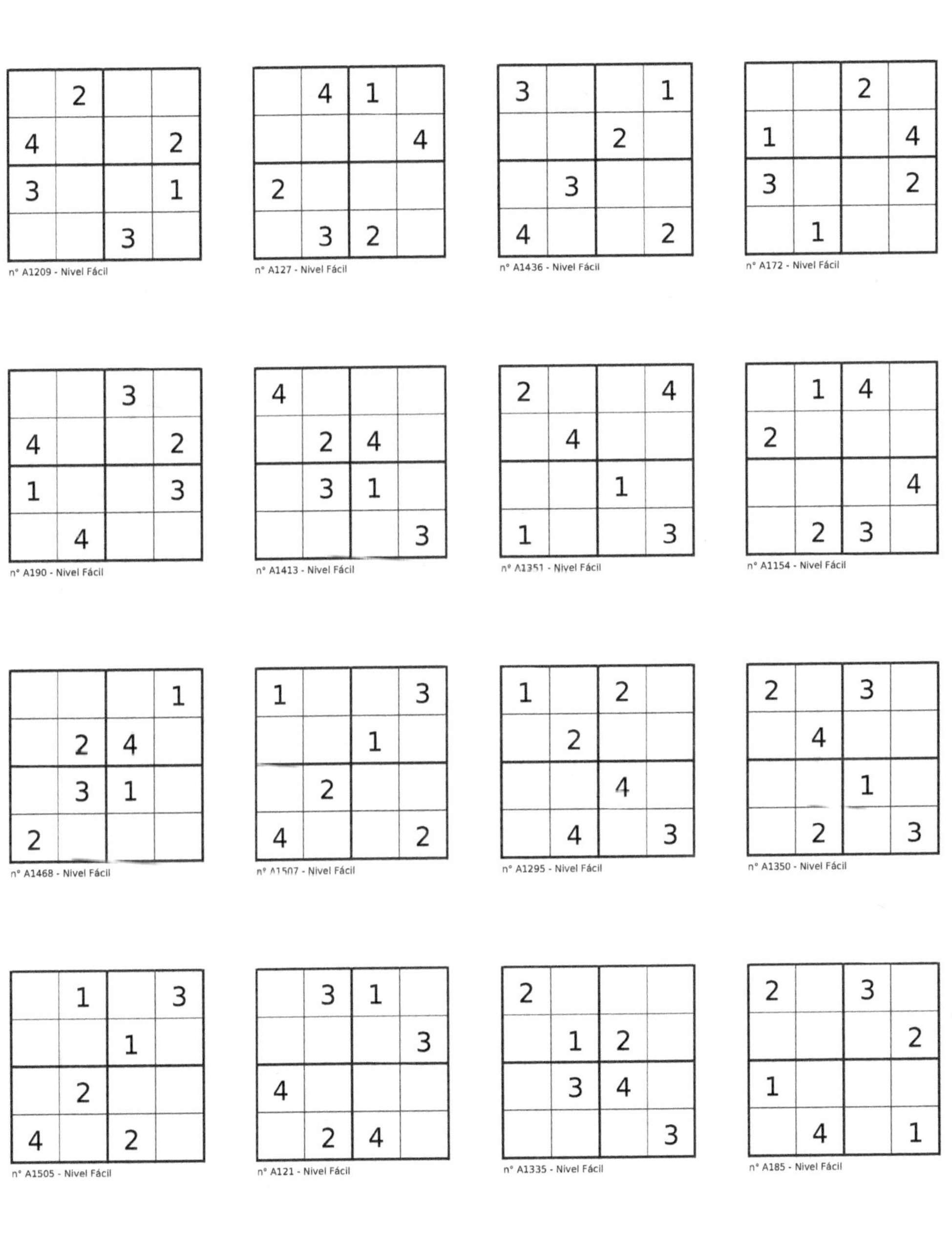

n° A1209 - Nivel Fácil

n° A127 - Nivel Fácil

n° A1436 - Nivel Fácil

n° A172 - Nivel Fácil

n° A190 - Nivel Fácil

n° A1413 - Nivel Fácil

n° A1351 - Nivel Fácil

n° A1154 - Nivel Fácil

n° A1468 - Nivel Fácil

n° A1507 - Nivel Fácil

n° A1295 - Nivel Fácil

n° A1350 - Nivel Fácil

n° A1505 - Nivel Fácil

n° A121 - Nivel Fácil

n° A1335 - Nivel Fácil

n° A185 - Nivel Fácil

Soluciones :

<table>
<tr><td>

1	2	4	3
4	3	1	2
3	4	2	1
2	1	3	4

n° A1209 - Nivel Fácil

</td><td>

3	4	1	2
1	2	3	4
2	1	4	3
4	3	2	1

n° A127 - Nivel Fácil

</td><td>

3	2	4	1
1	4	2	3
2	3	1	4
4	1	3	2

n° A1436 - Nivel Fácil

</td><td>

4	3	2	1
1	2	3	4
3	4	1	2
2	1	4	3

n° A172 - Nivel Fácil

</td></tr>
<tr><td>

2	1	3	4
4	3	1	2
1	2	4	3
3	4	2	1

n° A190 - Nivel Fácil

</td><td>

4	1	3	2
3	2	4	1
2	3	1	4
1	4	2	3

n° A1413 - Nivel Fácil

</td><td>

2	1	3	4
3	4	2	1
4	3	1	2
1	2	4	3

n° A1351 - Nivel Fácil

</td><td>

3	1	4	2
2	4	1	3
1	3	2	4
4	2	3	1

n° A1154 - Nivel Fácil

</td></tr>
<tr><td>

3	4	2	1
1	2	4	3
4	3	1	2
2	1	3	4

n° A1468 - Nivel Fácil

</td><td>

1	4	2	3
2	3	1	4
3	2	4	1
4	1	3	2

n° A1507 - Nivel Fácil

</td><td>

1	3	2	4
4	2	3	1
3	1	4	2
2	4	1	3

n° A1295 - Nivel Fácil

</td><td>

2	1	3	4
3	4	2	1
4	3	1	2
1	2	4	3

n° A1350 - Nivel Fácil

</td></tr>
<tr><td>

2	1	4	3
3	4	1	2
1	2	3	4
4	3	2	1

n° A1505 - Nivel Fácil

</td><td>

2	3	1	4
1	4	2	3
4	1	3	2
3	2	4	1

n° A121 - Nivel Fácil

</td><td>

2	4	3	1
3	1	2	4
1	3	4	2
4	2	1	3

n° A1335 - Nivel Fácil

</td><td>

2	1	3	4
4	3	1	2
1	2	4	3
3	4	2	1

n° A185 - Nivel Fácil

</td></tr>
</table>

nº A1485 - Nivel Fácil

			2
	2	3	
	1	4	
4			

nº A1103 - Nivel Fácil

4		3	
			4
2			
	1		2

nº A1408 - Nivel Fácil

4			
	1	2	
	4	3	
			2

nº A1478 - Nivel Fácil

4			2
			1
	4		
3			1

nº A117 - Nivel Fácil

		1	
1			3
2			4
	4		

nº A1125 - Nivel Fácil

		4	
4			2
1			3
	3		

nº A1412 - Nivel Fácil

4			1
	2		
		1	
2			3

nº A1522 - Nivel Fácil

			3
	4	2	
	1	3	
4			

nº A1431 - Nivel Fácil

4			
	3	4	
	1	2	
			1

nº A141 - Nivel Fácil

		2	
2			1
3			4
	4		

nº A142 - Nivel Fácil

		2	
4			1
3			2
	4		

nº A195 - Nivel Fácil

			3
3			2
4			1
	1		

nº A1485 - Nivel Fácil

			2
	2	3	
	1	4	
4			

nº A1220 - Nivel Fácil

	3	2	
1			
			2
	1	4	

nº A179 - Nivel Fácil

1		3	
			1
4			
	2		4

nº A1197 - Nivel Fácil

	2		
3			2
4			1
		4	

Soluciones :

3	4	1	2
1	2	3	4
2	1	4	3
4	3	2	1

n° A1485 - Nivel Fácil

4	2	3	1
1	3	2	4
2	4	1	3
3	1	4	2

n° A1103 - Nivel Fácil

4	2	1	3
3	1	2	4
2	4	3	1
1	3	4	2

n° A1408 - Nivel Fácil

4	1	3	2
2	3	1	4
1	4	2	3
3	2	4	1

n° A1478 - Nivel Fácil

4	3	1	2
1	2	4	3
2	1	3	4
3	4	2	1

n° A117 - Nivel Fácil

3	2	4	1
4	1	3	2
1	4	2	3
2	3	1	4

n° A1125 - Nivel Fácil

4	3	2	1
1	2	3	4
3	4	1	2
2	1	4	3

n° A1412 - Nivel Fácil

1	2	4	3
3	4	2	1
2	1	3	4
4	3	1	2

n° A1522 - Nivel Fácil

4	2	1	3
1	3	4	2
3	1	2	4
2	4	3	1

n° A1431 - Nivel Fácil

4	1	2	3
2	3	4	1
3	2	1	4
1	4	3	2

n° A141 - Nivel Fácil

1	3	2	4
4	2	3	1
3	1	4	2
2	4	1	3

n° A142 - Nivel Fácil

1	2	3	4
3	4	1	2
4	3	2	1
2	1	4	3

n° A195 - Nivel Fácil

3	4	1	2
1	2	3	4
2	1	4	3
4	3	2	1

n° A1485 - Nivel Fácil

4	3	2	1
1	2	3	4
3	4	1	2
2	1	4	3

n° A1220 - Nivel Fácil

1	4	3	2
2	3	4	1
4	1	2	3
3	2	1	4

n° A179 - Nivel Fácil

1	2	3	4
3	4	1	2
4	3	2	1
2	1	4	3

n° A1197 - Nivel Fácil

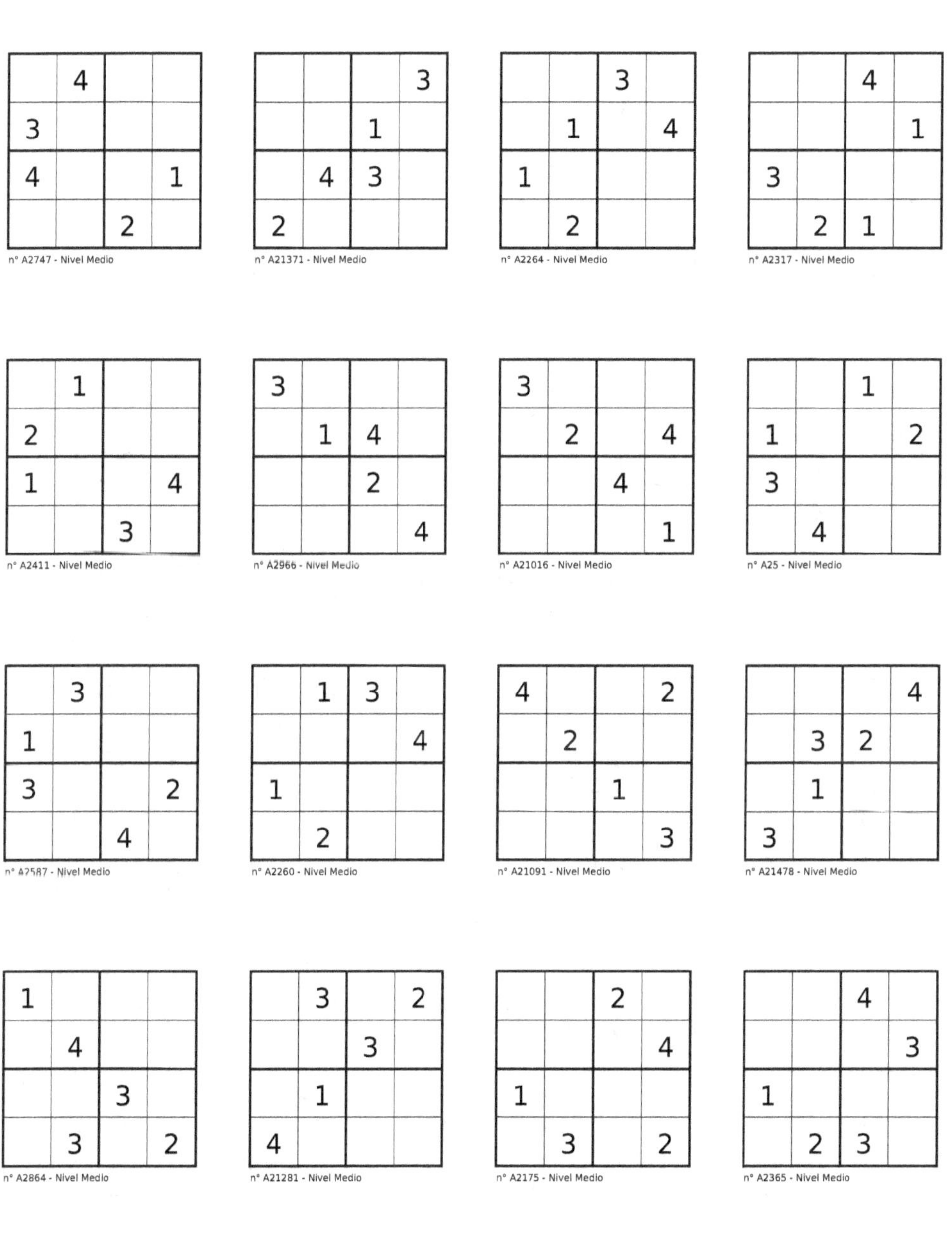

n° A2747 - Nivel Medio
n° A21371 - Nivel Medio
n° A2264 - Nivel Medio
n° A2317 - Nivel Medio
n° A2411 - Nivel Medio
n° A2966 - Nivel Medio
n° A21016 - Nivel Medio
n° A25 - Nivel Medio
n° A2587 - Nivel Medio
n° A2260 - Nivel Medio
n° A21091 - Nivel Medio
n° A21478 - Nivel Medio
n° A2864 - Nivel Medio
n° A21281 - Nivel Medio
n° A2175 - Nivel Medio
n° A2365 - Nivel Medio

Soluciones :

2	4	1	3
3	1	4	2
4	2	3	1
1	3	2	4

n° A2747 - Nivel Medio

4	1	2	3
3	2	1	4
1	4	3	2
2	3	4	1

n° A21371 - Nivel Medio

2	4	3	1
3	1	2	4
1	3	4	2
4	2	1	3

n° A2264 - Nivel Medio

1	3	4	2
2	4	3	1
3	1	2	4
4	2	1	3

n° A2317 - Nivel Medio

3	1	4	2
2	4	1	3
1	3	2	4
4	2	3	1

n° A2411 - Nivel Medio

3	4	1	2
2	1	4	3
4	3	2	1
1	2	3	4

n° A2966 - Nivel Medio

3	4	1	2
1	2	3	4
2	1	4	3
4	3	2	1

n° A21016 - Nivel Medio

4	2	1	3
1	3	4	2
3	1	2	4
2	4	3	1

n° A25 - Nivel Medio

4	3	2	1
1	2	3	4
3	4	1	2
2	1	4	3

n° A2587 - Nivel Medio

4	1	3	2
2	3	1	4
1	4	2	3
3	2	4	1

n° A2260 - Nivel Medio

4	1	3	2
3	2	4	1
2	3	1	4
1	4	2	3

n° A21091 - Nivel Medio

1	2	3	4
4	3	2	1
2	1	4	3
3	4	1	2

n° A21478 - Nivel Medio

1	2	4	3
3	4	2	1
2	1	3	4
4	3	1	2

n° A2864 - Nivel Medio

1	3	4	2
2	4	3	1
3	1	2	4
4	2	1	3

n° A21281 - Nivel Medio

3	4	2	1
2	1	3	4
1	2	4	3
4	3	1	2

n° A2175 - Nivel Medio

3	1	4	2
2	4	1	3
1	3	2	4
4	2	3	1

n° A2365 - Nivel Medio

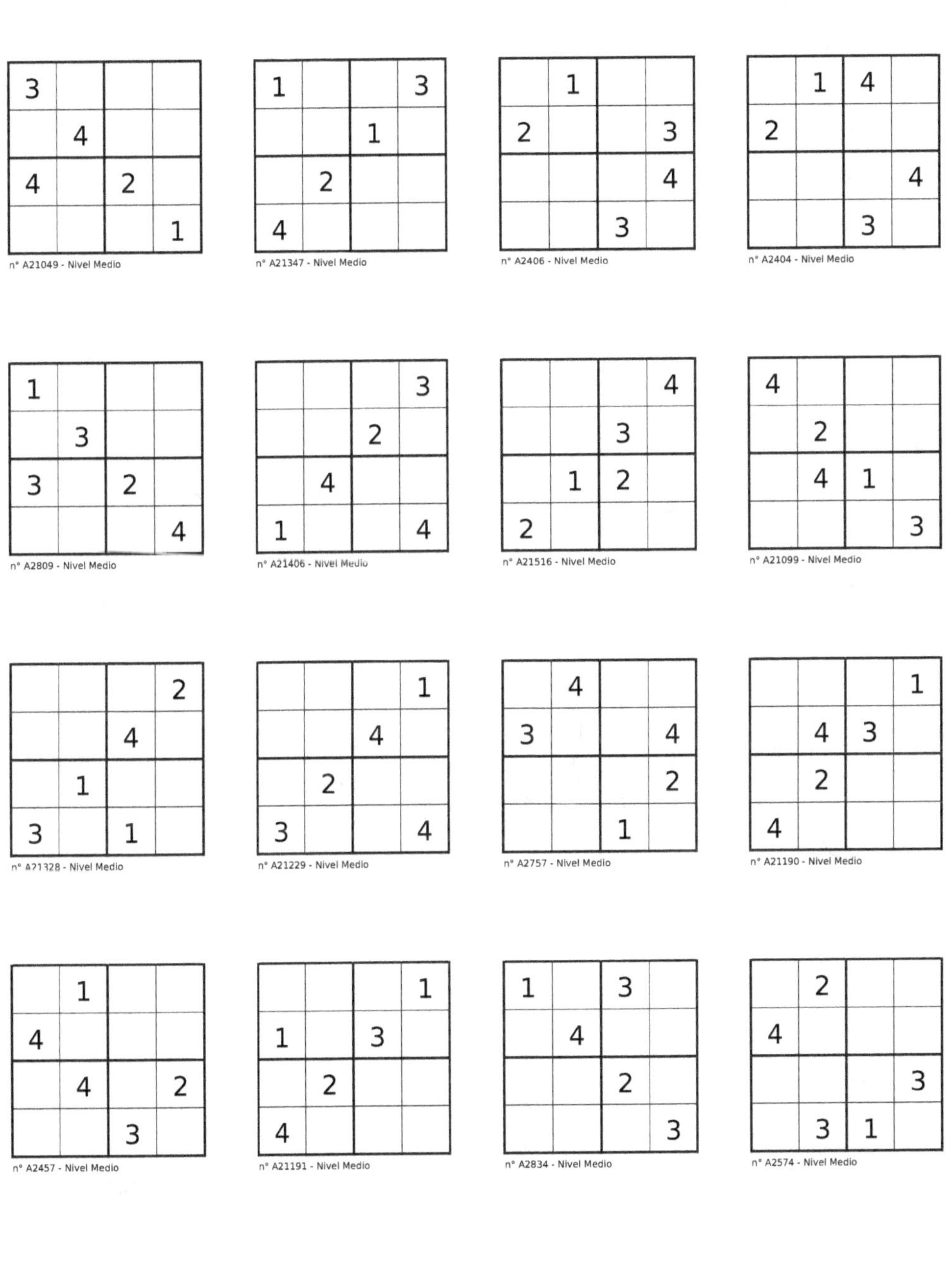

n° A21049 - Nivel Medio

n° A21347 - Nivel Medio

n° A2406 - Nivel Medio

n° A2404 - Nivel Medio

n° A2809 - Nivel Medio

n° A21406 - Nivel Medio

n° A21516 - Nivel Medio

n° A21099 - Nivel Medio

n° A21328 - Nivel Medio

n° A21229 - Nivel Medio

n° A2757 - Nivel Medio

n° A21190 - Nivel Medio

n° A2457 - Nivel Medio

n° A21191 - Nivel Medio

n° A2834 - Nivel Medio

n° A2574 - Nivel Medio

Soluciones :

3	2	1	4
1	4	3	2
4	1	2	3
2	3	4	1

n° A21049 - Nivel Medio

1	4	2	3
2	3	1	4
3	2	4	1
4	1	3	2

n° A21347 - Nivel Medio

3	1	4	2
2	4	1	3
1	3	2	4
4	2	3	1

n° A2406 - Nivel Medio

3	1	4	2
2	4	1	3
1	3	2	4
4	2	3	1

n° A2404 - Nivel Medio

1	2	4	3
4	3	1	2
3	4	2	1
2	1	3	4

n° A2809 - Nivel Medio

2	1	4	3
4	3	2	1
3	4	1	2
1	2	3	4

n° A21406 - Nivel Medio

3	2	1	4
1	4	3	2
4	1	2	3
2	3	4	1

n° A21516 - Nivel Medio

4	3	2	1
1	2	3	4
3	4	1	2
2	1	4	3

n° A21099 - Nivel Medio

1	4	3	2
2	3	4	1
4	1	2	3
3	2	1	4

n° A21328 - Nivel Medio

2	4	3	1
1	3	4	2
4	2	1	3
3	1	2	4

n° A21229 - Nivel Medio

2	4	3	1
3	1	2	4
1	3	4	2
4	2	1	3

n° A2757 - Nivel Medio

2	3	4	1
1	4	3	2
3	2	1	4
4	1	2	3

n° A21190 - Nivel Medio

2	1	4	3
4	3	2	1
3	4	1	2
1	2	3	4

n° A2457 - Nivel Medio

2	3	4	1
1	4	3	2
3	2	1	4
4	1	2	3

n° A21191 - Nivel Medio

1	2	3	4
3	4	1	2
4	3	2	1
2	1	4	3

n° A2834 - Nivel Medio

3	2	4	1
4	1	3	2
1	4	2	3
2	3	1	4

n° A2574 - Nivel Medio

n° B165 - Nivel Fácil

	2	4		6	1
		6	5		2
6		3	1		
	4				
		1			6
2	6	5	4		3

n° B184 - Nivel Fácil

2	3	4	6	5	
5		1		4	
				1	4
			3		
		2			6
	4	6	1		

n° B19 - Nivel Fácil

	1	4	6	2	5
		5			1
1					
5				1	3
		3			2
2	5			6	

n° B177 - Nivel Fácil

			3	1	
		5		2	
		1		4	2
5				3	
4		3	2		
1	5	2	4		

n° B166 - Nivel Fácil

1	3				
			6	3	1
			4		
2		5			6
		3	1	2	5
		2	4	6	3

n° B110 - Nivel Fácil

	1		5	6	4
	6		1		3
		6			1
1			4	3	6
	3	1	6		
	2				

n° B194 - Nivel Fácil

2	1	4			
5	3				
	2	3	4	5	
	4			6	
		2	5		3
3		1	2		

n° B1100 - Nivel Fácil

	1	6	3	4	5
		5		6	1
		1	4	2	
	4				3
5		3			
	6			3	2

n° B13 - Nivel Fácil

4		6	2		
2				4	6
			3	6	
3		2	5		
6			4		3
	3	4	6		1

Soluciones :

5	2	4	3	6	1
3	1	6	5	4	2
6	5	3	1	2	4
1	4	2	6	3	5
4	3	1	2	5	6
2	6	5	4	1	3

n° B165 - Nivel Fácil

2	3	4	6	5	1
5	6	1	2	4	3
6	2	3	5	1	4
4	1	5	3	6	2
1	5	2	4	3	6
3	4	6	1	2	5

n° B184 - Nivel Fácil

3	1	4	6	2	5
6	2	5	3	4	1
1	3	6	2	5	4
5	4	2	1	3	6
4	6	3	5	1	2
2	5	1	4	6	3

n° B19 - Nivel Fácil

2	4	6	3	1	5
3	1	5	6	2	4
6	3	1	5	4	2
5	2	4	1	3	6
4	6	3	2	5	1
1	5	2	4	6	3

n° B177 - Nivel Fácil

1	3	6	2	5	4
2	4	5	6	3	1
6	5	1	3	4	2
3	2	4	5	1	6
4	6	3	1	2	5
5	1	2	4	6	3

n° B166 - Nivel Fácil

2	1	3	5	6	4
4	6	5	1	2	3
3	4	6	2	5	1
1	5	2	4	3	6
5	3	1	6	4	2
6	2	4	3	1	5

n° B110 - Nivel Fácil

2	1	4	6	3	5
5	3	6	1	2	4
6	2	3	4	5	1
1	4	5	3	6	2
4	6	2	5	1	3
3	5	1	2	4	6

n° B194 - Nivel Fácil

2	1	6	3	4	5
4	3	5	2	6	1
3	5	1	4	2	6
6	4	2	1	5	3
5	2	3	6	1	4
1	6	4	5	3	2

n° B1100 - Nivel Fácil

4	1	6	2	3	5
2	5	3	1	4	6
1	4	5	3	6	2
3	6	2	5	1	4
6	2	1	4	5	3
5	3	4	6	2	1

n° B13 - Nivel Fácil

	5			4	
1		4			
6				2	
5		2	6	3	1
	3			1	
	6		4	5	

n° B154 - Nivel Fácil

	4		3	5	
3	5	2	4	6	
			1		3
		1	6		
5			2		
2		4			

n° B159 - Nivel Fácil

				1	4
	1	6	3	5	
	4	5	2		
		2			5
	3	4		2	1
	2		4	6	

n° B125 - Nivel Fácil

5	4			3	
		1		4	
	2	6	3	5	1
	1			2	
	6				
	5	4			3

n° B182 - Nivel Fácil

6		5		2	
3		1	5		4
		3			
2	6		1		
4			6	1	
	5	6		3	

n° B117 - Nivel Fácil

		6		1	4
2					5
1	6		4	5	
3	4		6		
4			5		
		3	1	4	

n° B144 - Nivel Fácil

		6			
4				5	
	1			2	
6	4	2			5
1				3	4
	3	4	5		1

n° B190 - Nivel Fácil

		6		5	1
		1		6	
2	1	3		4	6
4	6	5	1		
				2	
			4		3

n° B121 - Nivel Fácil

2	3	4	6	5	
5		1		4	
				1	4
			3		
		2			6
	4	6	1		

n° B184 - Nivel Fácil

Soluciones :

3	5	6	1	4	2
1	2	4	3	6	5
6	1	3	5	2	4
5	4	2	6	3	1
4	3	5	2	1	6
2	6	1	4	5	3

n° B154 - Nivel Fácil

1	4	6	3	5	2
3	5	2	4	6	1
6	2	5	1	4	3
4	3	1	6	2	5
5	6	3	2	1	4
2	1	4	5	3	6

n° B159 - Nivel Fácil

2	5	3	6	1	4
4	1	6	3	5	2
1	4	5	2	3	6
3	6	2	1	4	5
6	3	4	5	2	1
5	2	1	4	6	3

n° B125 - Nivel Fácil

5	4	2	1	3	6
6	3	1	5	4	2
4	2	6	3	5	1
3	1	5	6	2	4
2	6	3	4	1	5
1	5	4	2	6	3

n° B182 - Nivel Fácil

6	4	5	3	2	1
3	2	1	5	6	4
5	1	3	2	4	6
2	6	4	1	5	3
4	3	2	6	1	5
1	5	6	4	3	2

n° B117 - Nivel Fácil

5	3	6	2	1	4
2	1	4	3	6	5
1	6	2	4	5	3
3	4	5	6	2	1
4	2	1	5	3	6
6	5	3	1	4	2

n° B144 - Nivel Fácil

3	5	6	1	4	2
4	2	1	6	5	3
5	1	3	4	2	6
6	4	2	3	1	5
1	6	5	2	3	4
2	3	4	5	6	1

n° B190 - Nivel Fácil

3	4	6	2	5	1
5	2	1	3	6	4
2	1	3	5	4	6
4	6	5	1	3	2
1	3	4	6	2	5
6	5	2	4	1	3

n° B121 - Nivel Fácil

2	3	4	6	5	1
5	6	1	2	4	3
6	2	3	5	1	4
4	1	5	3	6	2
1	5	2	4	3	6
3	4	6	1	2	5

n° B184 - Nivel Fácil

4		6	1		2
	1				6
	4		5	6	1
	6				4
1	5				3
6				1	

n° B168 - Nivel Fácil

2	1	4			
5	3				
	2	3	4	5	
	4			6	
		2	5		3
3		1	2		

n° B194 - Nivel Fácil

1	4	6	5	3	
5		3			1
					3
			1		4
		5	2		
2		4			5

n° B142 - Nivel Fácil

5			3		2
4	3	2	5		1
		4	6	1	
	1		4		
2			1	5	
				3	

n° B116 - Nivel Fácil

2	1	4			
5	3				
	2	3	4	5	
	4			6	
		2	5		3
3		1	2		

n° B194 - Nivel Fácil

6					1
	3		4		
4		3			5
2		5	6		
1	2	4			3
	5	6	1		

n° B132 - Nivel Fácil

1	3		2		5
4	2	5		3	1
5	1	3		6	
			5		
3	5				
		1			

n° B183 - Nivel Fácil

	4				1
1	3	6		4	
3	5			1	
4					
5			1		6
		3	4		5

n° B135 - Nivel Fácil

3		2		6	
6	4		3		1
2				4	
	5		6		2
	2				6
4	6			5	

n° B170 - Nivel Fácil

Soluciones :

4	3	6	1	5	2
2	1	5	3	4	6
3	4	2	5	6	1
5	6	1	2	3	4
1	5	4	6	2	3
6	2	3	4	1	5

n° B168 - Nivel Fácil

2	1	4	6	3	5
5	3	6	1	2	4
6	2	3	4	5	1
1	4	5	3	6	2
4	6	2	5	1	3
3	5	1	2	4	6

n° B194 - Nivel Fácil

1	4	6	5	3	2
5	2	3	4	6	1
4	5	1	6	2	3
6	3	2	1	5	4
3	1	5	2	4	6
2	6	4	3	1	5

n° B142 - Nivel Fácil

5	6	1	3	4	2
4	3	2	5	6	1
3	2	4	6	1	5
6	1	5	4	2	3
2	4	3	1	5	6
1	5	6	2	3	4

n° B116 - Nivel Fácil

2	1	4	6	3	5
5	3	6	1	2	4
6	2	3	4	5	1
1	4	5	3	6	2
4	6	2	5	1	3
3	5	1	2	4	6

n° B194 - Nivel Fácil

6	4	2	3	5	1
5	3	1	4	2	6
4	6	3	2	1	5
2	1	5	6	3	4
1	2	4	5	6	3
3	5	6	1	4	2

n° B132 - Nivel Fácil

1	3	6	2	4	5
4	2	5	6	3	1
5	1	3	4	6	2
6	4	2	5	1	3
3	5	4	1	2	6
2	6	1	3	5	4

n° B183 - Nivel Fácil

2	4	5	3	6	1
1	3	6	5	4	2
3	5	2	6	1	4
4	6	1	2	5	3
5	2	4	1	3	6
6	1	3	4	2	5

n° B135 - Nivel Fácil

3	1	2	5	6	4
6	4	5	3	2	1
2	3	6	1	4	5
1	5	4	6	3	2
5	2	3	4	1	6
4	6	1	2	5	3

n° B170 - Nivel Fácil

n° B164 - Nivel Fácil

1	6				4
5		4			
6	1		3		5
				6	
2	5			1	3
	4	1		5	6

n° B182 - Nivel Fácil

5	4			3	
		1		4	
2	6	3	5	1	
1			2		
6					
5	4				3

n° B141 - Nivel Fácil

6	3		4		
5					
1	4	3	2	5	6
		5	3	1	
4			5		
3			6		1

n° B12 - Nivel Fácil

1					6
	5	6			
3	4		6		
				3	1
		5	3	6	4
	3	4	2		5

n° B188 - Nivel Fácil

5	4	3			
1		2			5
3				6	
			5	1	3
2		4			1
	5	1		4	2

n° B128 - Nivel Fácil

3	4		6	5	
1				4	3
				3	
2		5	4		6
	6		3		
5	2	3			

n° B18 - Nivel Fácil

2					1
		4		2	
5		2	6	1	
	4		3	5	
	5		2		
6	2	3		4	

n° B187 - Nivel Fácil

	3	6			1
		4			
	2	3	5		
4		1	2	6	3
3	6				
	4			5	6

n° B189 - Nivel Fácil

			4	2	1
1	4	2	3	6	5
3	1				
5	2		6		
				5	
		5		3	

Soluciones :

1	6	3	5	2	4
5	2	4	6	3	1
6	1	2	3	4	5
4	3	5	1	6	2
2	5	6	4	1	3
3	4	1	2	5	6

n° B164 - Nivel Fácil

5	4	2	1	3	6
6	3	1	5	4	2
4	2	6	3	5	1
3	1	5	6	2	4
2	6	3	4	1	5
1	5	4	2	6	3

n° B182 - Nivel Fácil

6	3	1	4	2	5
5	2	4	1	6	3
1	4	3	2	5	6
2	6	5	3	1	4
4	1	6	5	3	2
3	5	2	6	4	1

n° B141 - Nivel Fácil

1	2	3	5	4	6
4	5	6	1	2	3
3	4	1	6	5	2
5	6	2	4	3	1
2	1	5	3	6	4
6	3	4	2	1	5

n° B12 - Nivel Fácil

5	4	3	1	2	6
1	6	2	4	3	5
3	1	5	2	6	4
4	2	6	5	1	3
2	3	4	6	5	1
6	5	1	3	4	2

n° B188 - Nivel Fácil

3	4	2	6	5	1
1	5	6	2	4	3
6	1	4	5	3	2
2	3	5	4	1	6
4	6	1	3	2	5
5	2	3	1	6	4

n° B128 - Nivel Fácil

2	6	5	4	3	1
3	1	4	5	2	6
5	3	2	6	1	4
1	4	6	3	5	2
4	5	1	2	6	3
6	2	3	1	4	5

n° B18 - Nivel Fácil

5	3	6	4	2	1
2	1	4	6	3	5
6	2	3	5	1	4
4	5	1	2	6	3
3	6	5	1	4	2
1	4	2	3	5	6

n° B187 - Nivel Fácil

6	5	3	4	2	1
1	4	2	3	6	5
3	1	6	5	4	2
5	2	4	6	1	3
4	3	1	2	5	6
2	6	5	1	3	4

n° B189 - Nivel Fácil

n° B363 - Nivel Difícil

	6	4			
	2				
			5	2	1
					3
				3	6
	3		4	5	

n° B399 - Nivel Difícil

	3			1	
	2				
		2	6		
				3	5
1					
				6	

n° B319 - Nivel Difícil

					3
	4			6	
				2	4
	1				
6			2	3	
1					

n° B331 - Nivel Difícil

					1
6				3	
		4	2		
2		5			6
1	6		4		

n° B353 - Nivel Difícil

		2		1	
	2		5		4
	3				5
	5	6			3

n° B366 - Nivel Difícil

5	1				
3			6		
				5	
6		3	2		
1					3

n° B357 - Nivel Difícil

2			1	5	
					6
	2			6	
3				4	5
	4				
6					

n° B36 - Nivel Difícil

	2				4
		4		5	
	6				
5			1		
				4	2
			3		

n° B354 - Nivel Difícil

		2			6
		5			2
	5	6	4		
2				5	
	1				4

Soluciones :

3	6	4	2	1	5
5	2	1	3	6	4
6	4	3	5	2	1
2	1	5	6	4	3
4	5	2	1	3	6
1	3	6	4	5	2

n° B363 - Nivel Difícil

5	3	6	4	1	2
4	2	1	3	5	6
3	5	2	6	4	1
6	1	4	2	3	5
1	6	3	5	2	4
2	4	5	1	6	3

n° B399 - Nivel Difícil

2	6	5	4	1	3
3	4	1	5	6	2
5	3	6	1	2	4
4	1	2	3	5	6
6	5	4	2	3	1
1	2	3	6	4	5

n° B319 - Nivel Difícil

5	2	1	6	4	3
4	3	6	5	2	1
6	5	2	1	3	4
3	1	4	2	6	5
2	4	5	3	1	6
1	6	3	4	5	2

n° B331 - Nivel Difícil

6	1	3	4	5	2
5	4	2	3	1	6
4	6	5	2	3	1
3	2	1	5	6	4
1	3	4	6	2	5
2	5	6	1	4	3

n° B353 - Nivel Difícil

5	1	6	4	3	2
3	4	2	6	1	5
4	2	1	3	5	6
6	5	3	2	4	1
1	6	4	5	2	3
2	3	5	1	6	4

n° B366 - Nivel Difícil

2	6	4	1	5	3
1	5	3	4	2	6
4	2	5	3	6	1
3	1	6	2	4	5
5	4	1	6	3	2
6	3	2	5	1	4

n° B357 - Nivel Difícil

3	2	5	6	1	4
6	1	4	2	5	3
2	6	1	4	3	5
5	4	3	1	2	6
1	3	6	5	4	2
4	5	2	3	6	1

n° B36 - Nivel Difícil

1	3	2	5	4	6
6	4	5	3	1	2
3	5	6	4	2	1
4	2	1	6	3	5
2	6	4	1	5	3
5	1	3	2	6	4

n° B354 - Nivel Difícil

n° B341 - Nivel Difícil

	1				
				3	4
					6
	2				
		5		1	
		2	6		

n° B327 - Nivel Difícil

				2	5
		4			
	1		5	6	
		2			
					1
2					6

n° B376 - Nivel Difícil

				2	
		3	5		
	5				
2		4			5
	1		3		4

n° B332 - Nivel Difícil

1			5		
			6		4
	5			2	1
3					5
2					
	3				

n° B370 - Nivel Difícil

3			4		
				4	
6			3		2
	3				
1		4	6	2	

n° B354 - Nivel Difícil

		2			6
		5			2
	5	6	4		
2				5	
	1				4

n° B371 - Nivel Difícil

1	3				
			1		
		5		4	
	4				2
3					6
				2	

n° B331 - Nivel Difícil

					1
6				3	
		4	2		
2		5			6
1	6		4		

n° B358 - Nivel Difícil

6				4	
	1	2		5	6
			2		5
1			4		

Soluciones :

<table>
<tr><td>3</td><td>1</td><td>4</td><td>5</td><td>6</td><td>2</td></tr>
<tr><td>2</td><td>5</td><td>6</td><td>1</td><td>3</td><td>4</td></tr>
<tr><td>5</td><td>4</td><td>1</td><td>3</td><td>2</td><td>6</td></tr>
<tr><td>6</td><td>2</td><td>3</td><td>4</td><td>5</td><td>1</td></tr>
<tr><td>4</td><td>6</td><td>5</td><td>2</td><td>1</td><td>3</td></tr>
<tr><td>1</td><td>3</td><td>2</td><td>6</td><td>4</td><td>5</td></tr>
</table>

n° B341 - Nivel Difícil

<table>
<tr><td>1</td><td>3</td><td>6</td><td>4</td><td>2</td><td>5</td></tr>
<tr><td>5</td><td>2</td><td>4</td><td>6</td><td>1</td><td>3</td></tr>
<tr><td>4</td><td>1</td><td>3</td><td>5</td><td>6</td><td>2</td></tr>
<tr><td>6</td><td>5</td><td>2</td><td>1</td><td>3</td><td>4</td></tr>
<tr><td>3</td><td>6</td><td>5</td><td>2</td><td>4</td><td>1</td></tr>
<tr><td>2</td><td>4</td><td>1</td><td>3</td><td>5</td><td>6</td></tr>
</table>

n° B327 - Nivel Difícil

<table>
<tr><td>4</td><td>6</td><td>5</td><td>1</td><td>2</td><td>3</td></tr>
<tr><td>1</td><td>2</td><td>3</td><td>5</td><td>4</td><td>6</td></tr>
<tr><td>6</td><td>5</td><td>1</td><td>4</td><td>3</td><td>2</td></tr>
<tr><td>2</td><td>3</td><td>4</td><td>6</td><td>1</td><td>5</td></tr>
<tr><td>5</td><td>1</td><td>2</td><td>3</td><td>6</td><td>4</td></tr>
<tr><td>3</td><td>4</td><td>6</td><td>2</td><td>5</td><td>1</td></tr>
</table>

n° B376 - Nivel Difícil

<table>
<tr><td>1</td><td>4</td><td>6</td><td>5</td><td>3</td><td>2</td></tr>
<tr><td>5</td><td>2</td><td>3</td><td>6</td><td>1</td><td>4</td></tr>
<tr><td>6</td><td>5</td><td>4</td><td>3</td><td>2</td><td>1</td></tr>
<tr><td>3</td><td>1</td><td>2</td><td>4</td><td>6</td><td>5</td></tr>
<tr><td>2</td><td>6</td><td>5</td><td>1</td><td>4</td><td>3</td></tr>
<tr><td>4</td><td>3</td><td>1</td><td>2</td><td>5</td><td>6</td></tr>
</table>

n° B332 - Nivel Difícil

<table>
<tr><td>3</td><td>1</td><td>2</td><td>4</td><td>6</td><td>5</td></tr>
<tr><td>4</td><td>6</td><td>5</td><td>2</td><td>3</td><td>1</td></tr>
<tr><td>5</td><td>2</td><td>3</td><td>1</td><td>4</td><td>6</td></tr>
<tr><td>6</td><td>4</td><td>1</td><td>3</td><td>5</td><td>2</td></tr>
<tr><td>2</td><td>3</td><td>6</td><td>5</td><td>1</td><td>4</td></tr>
<tr><td>1</td><td>5</td><td>4</td><td>6</td><td>2</td><td>3</td></tr>
</table>

n° B370 - Nivel Difícil

<table>
<tr><td>1</td><td>3</td><td>2</td><td>5</td><td>4</td><td>6</td></tr>
<tr><td>6</td><td>4</td><td>5</td><td>3</td><td>1</td><td>2</td></tr>
<tr><td>3</td><td>5</td><td>6</td><td>4</td><td>2</td><td>1</td></tr>
<tr><td>4</td><td>2</td><td>1</td><td>6</td><td>3</td><td>5</td></tr>
<tr><td>2</td><td>6</td><td>4</td><td>1</td><td>5</td><td>3</td></tr>
<tr><td>5</td><td>1</td><td>3</td><td>2</td><td>6</td><td>4</td></tr>
</table>

n° B354 - Nivel Difícil

<table>
<tr><td>1</td><td>3</td><td>4</td><td>2</td><td>6</td><td>5</td></tr>
<tr><td>5</td><td>6</td><td>2</td><td>1</td><td>3</td><td>4</td></tr>
<tr><td>2</td><td>1</td><td>5</td><td>6</td><td>4</td><td>3</td></tr>
<tr><td>6</td><td>4</td><td>3</td><td>5</td><td>1</td><td>2</td></tr>
<tr><td>3</td><td>2</td><td>1</td><td>4</td><td>5</td><td>6</td></tr>
<tr><td>4</td><td>5</td><td>6</td><td>3</td><td>2</td><td>1</td></tr>
</table>

n° B371 - Nivel Difícil

<table>
<tr><td>5</td><td>2</td><td>1</td><td>6</td><td>4</td><td>3</td></tr>
<tr><td>4</td><td>3</td><td>6</td><td>5</td><td>2</td><td>1</td></tr>
<tr><td>6</td><td>5</td><td>2</td><td>1</td><td>3</td><td>4</td></tr>
<tr><td>3</td><td>1</td><td>4</td><td>2</td><td>6</td><td>5</td></tr>
<tr><td>2</td><td>4</td><td>5</td><td>3</td><td>1</td><td>6</td></tr>
<tr><td>1</td><td>6</td><td>3</td><td>4</td><td>5</td><td>2</td></tr>
</table>

n° B331 - Nivel Difícil

<table>
<tr><td>2</td><td>5</td><td>4</td><td>6</td><td>3</td><td>1</td></tr>
<tr><td>6</td><td>3</td><td>1</td><td>5</td><td>4</td><td>2</td></tr>
<tr><td>5</td><td>6</td><td>3</td><td>1</td><td>2</td><td>4</td></tr>
<tr><td>4</td><td>1</td><td>2</td><td>3</td><td>5</td><td>6</td></tr>
<tr><td>3</td><td>4</td><td>6</td><td>2</td><td>1</td><td>5</td></tr>
<tr><td>1</td><td>2</td><td>5</td><td>4</td><td>6</td><td>3</td></tr>
</table>

n° B358 - Nivel Difícil

3					5
	2			4	
		3			6
6				3	4
				2	

n° B346 - Nivel Difícil

5			3		
2					
			1	2	
	1				5
	3			6	

n° B323 - Nivel Difícil

3					5
	2			4	
		3			6
6				3	4
				2	

n° B346 - Nivel Difícil

	3				
6					
			4	2	
	2		3		
		4		6	5
2				4	

n° B329 - Nivel Difícil

		5		3	
2					
	6	4		1	3
		1			5
6				5	

n° B350 - Nivel Difícil

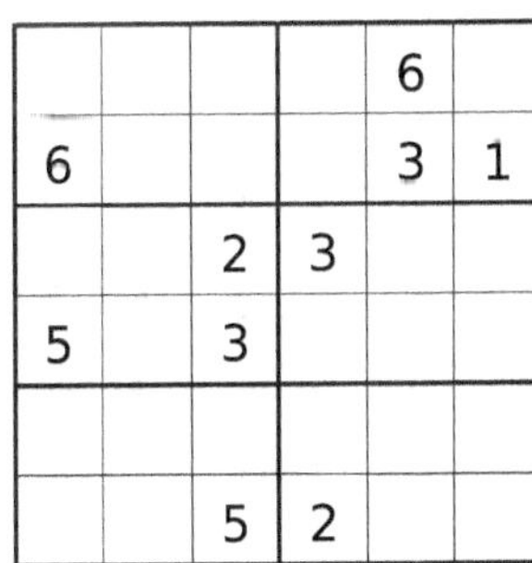

4					
	6		2		
	3				
		5			6
					2
2				6	4

n° B348 - Nivel Difícil

3					
	6				
	3			1	
					6
			5	2	
	4			6	1

n° B390 - Nivel Difícil

				6	
6				3	
		6			
3	5				
		1			6
			5		4

n° B345 - Nivel Difícil

				6	
6				3	1
		2	3		
5		3			
		5	2		

n° B356 - Nivel Difícil

Soluciones :

3	4	1	2	6	5
5	2	6	1	4	3
1	6	4	3	5	2
2	5	3	4	1	6
6	1	2	5	3	4
4	3	5	6	2	1

n° B346 - Nivel Difícil

5	6	1	3	4	2
2	4	3	5	1	6
3	5	6	1	2	4
1	2	4	6	5	3
6	1	2	4	3	5
4	3	5	2	6	1

n° B323 - Nivel Difícil

3	4	1	2	6	5
5	2	6	1	4	3
1	6	4	3	5	2
2	5	3	4	1	6
6	1	2	5	3	4
4	3	5	6	2	1

n° B346 - Nivel Difícil

5	3	2	6	1	4
6	4	1	5	3	2
1	5	3	4	2	6
4	2	6	3	5	1
3	1	4	2	6	5
2	6	5	1	4	3

n° B329 - Nivel Difícil

1	4	5	6	3	2
2	3	6	5	4	1
5	6	4	2	1	3
3	2	1	4	6	5
4	5	3	1	2	6
6	1	2	3	5	4

n° B350 - Nivel Difícil

4	1	2	6	5	3
5	6	3	2	4	1
6	3	4	1	2	5
1	2	5	4	3	6
3	4	6	5	1	2
2	5	1	3	6	4

n° B348 - Nivel Difícil

3	5	1	6	4	2
2	6	4	1	5	3
4	3	6	2	1	5
1	2	5	4	3	6
6	1	3	5	2	4
5	4	2	3	6	1

n° B390 - Nivel Difícil

1	3	5	4	6	2
6	2	4	1	3	5
4	1	6	2	5	3
3	5	2	6	4	1
5	4	1	3	2	6
2	6	3	5	1	4

n° B345 - Nivel Difícil

3	5	1	4	6	2
6	2	4	5	3	1
4	6	2	3	1	5
5	1	3	6	2	4
2	4	6	1	5	3
1	3	5	2	4	6

n° B356 - Nivel Difícil

n° B391 - Nivel Difícil

	1			5	
			2		4
	2				
			5	6	
6					1
		2			

n° B359 - Nivel Difícil

	1		5		3
	4		3		
6			1		5
			6		
	2				

n° B362 - Nivel Difícil

	1		3		
		6		5	
					4
			1	2	
				4	
	3		6		

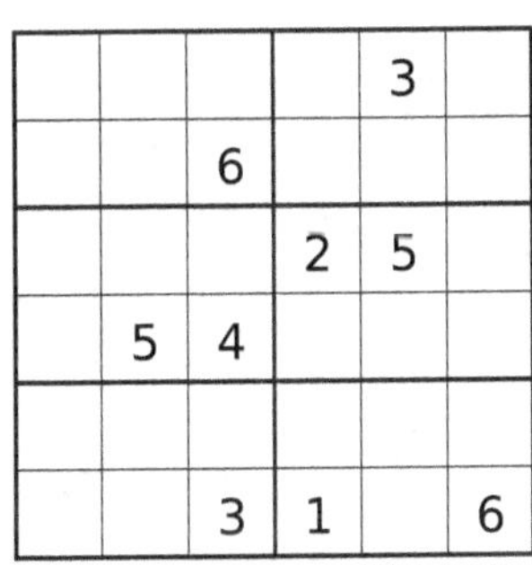

n° B358 - Nivel Difícil

6				4	
	1	2		5	6
			2		5
1			4		

n° B312 - Nivel Difícil

				3	
		6			
			2	5	
	5	4			
		3	1		6

n° B38 - Nivel Difícil

					5
	4				2
		3	6		
5			1		
	1				
4					

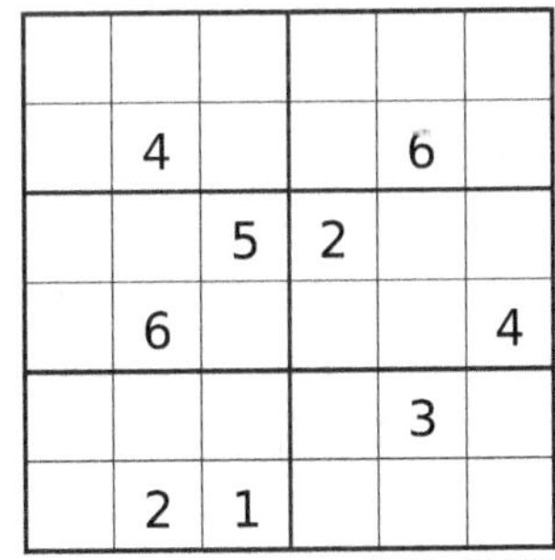

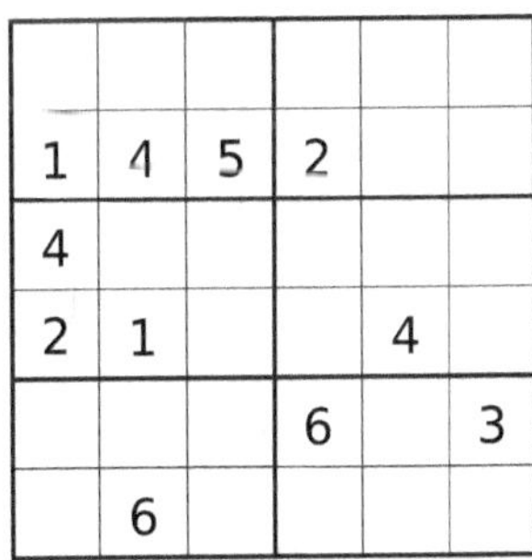

n° B323 - Nivel Difícil

5			3		
2					
			1	2	
	1				5
	3			6	

n° B333 - Nivel Difícil

	4			6	
		5	2		
	6				4
				3	
	2	1			

n° B310 - Nivel Difícil

1	4	5	2		
4					
2	1			4	
			6		3
	6				

Soluciones :

2	1	4	3	5	6
3	6	5	2	1	4
5	2	6	1	4	3
4	3	1	5	6	2
6	5	3	4	2	1
1	4	2	6	3	5

n° B391 - Nivel Difícil

5	6	3	2	1	4
2	1	4	5	6	3
1	4	5	3	2	6
6	3	2	1	4	5
4	5	1	6	3	2
3	2	6	4	5	1

n° B359 - Nivel Difícil

4	1	5	3	6	2
3	2	6	4	5	1
1	6	2	5	3	4
5	4	3	1	2	6
6	5	1	2	4	3
2	3	4	6	1	5

n° B362 - Nivel Difícil

2	5	4	6	3	1
6	3	1	5	4	2
5	6	3	1	2	4
4	1	2	3	5	6
3	4	6	2	1	5
1	2	5	4	6	3

n° B358 - Nivel Difícil

4	1	5	6	3	2
3	2	6	4	1	5
6	3	1	2	5	4
2	5	4	3	6	1
1	6	2	5	4	3
5	4	3	1	2	6

n° B312 - Nivel Difícil

2	3	1	4	6	5
6	4	5	3	1	2
1	2	3	6	5	4
5	6	4	1	2	3
3	1	2	5	4	6
4	5	6	2	3	1

n° B38 - Nivel Difícil

5	6	1	3	4	2
2	4	3	5	1	6
3	5	6	1	2	4
1	2	4	6	5	3
6	1	2	4	3	5
4	3	5	2	6	1

n° B323 - Nivel Difícil

5	1	6	4	2	3
2	4	3	5	6	1
4	3	5	2	1	6
1	6	2	3	5	4
6	5	4	1	3	2
3	2	1	6	4	5

n° B333 - Nivel Difícil

6	3	2	4	5	1
1	4	5	2	3	6
4	5	3	1	6	2
2	1	6	3	4	5
5	2	4	6	1	3
3	6	1	5	2	4

n° B310 - Nivel Difícil

n° B387 - Nivel Difícil

			1		
5			4		
				6	
4			5		
	2	3			
				3	

n° B372 - Nivel Difícil

	5				
		6			
6				4	
			5	2	
	3			6	
4					2

n° B312 - Nivel Difícil

				3	
		6			
			2	5	
	5	4			
		3	1		6

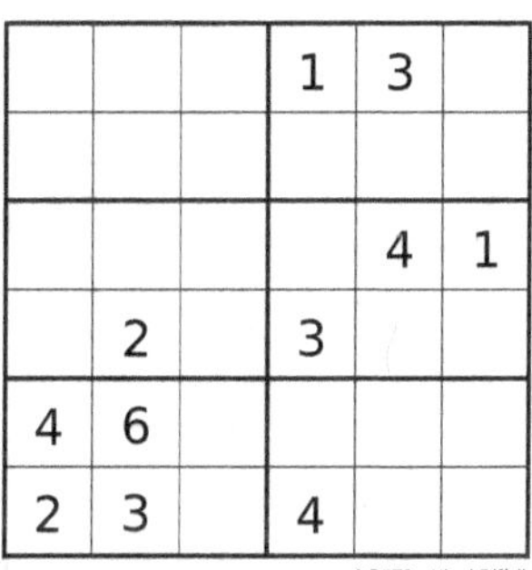

n° B399 - Nivel Difícil

	3			1	
	2				
		2	6		
				3	5
1					
				6	

n° B379 - Nivel Difícil

			1	3	
			4	1	
	2		3		
4	6				
2	3		4		

n° B334 - Nivel Difícil

3		1			
	5				
			3	2	
	1				6
			5		
5	2		6		

n° B331 - Nivel Difícil

					1
6				3	
		4	2		
2		5			6
1	6		4		

n° B389 - Nivel Difícil

6				2	5
				3	
2		1			
	5		4		
1					

n° B391 - Nivel Difícil

	1			5	
			2		4
	2				
			5	6	
6					1
		2			

Soluciones :

3	4	2	1	5	6
5	6	1	4	2	3
2	1	5	3	6	4
4	3	6	5	1	2
1	2	3	6	4	5
6	5	4	2	3	1

n° B387 - Nivel Difícil

2	5	3	6	1	4
1	4	6	2	3	5
6	2	5	1	4	3
3	1	4	5	2	6
5	3	2	4	6	1
4	6	1	3	5	2

n° B372 - Nivel Difícil

4	1	5	6	3	2
3	2	6	4	1	5
6	3	1	2	5	4
2	5	4	3	6	1
1	6	2	5	4	3
5	4	3	1	2	6

n° B312 - Nivel Difícil

5	3	6	4	1	2
4	2	1	3	5	6
3	5	2	6	4	1
6	1	4	2	3	5
1	6	3	5	2	4
2	4	5	1	6	3

n° B399 - Nivel Difícil

5	4	6	1	3	2
3	1	2	6	5	4
6	5	3	2	4	1
1	2	4	3	6	5
4	6	1	5	2	3
2	3	5	4	1	6

n° B379 - Nivel Difícil

3	4	1	2	6	5
6	5	2	1	3	4
4	6	5	3	2	1
2	1	3	4	5	6
1	3	6	5	4	2
5	2	4	6	1	3

n° B334 - Nivel Difícil

5	2	1	6	4	3
4	3	6	5	2	1
6	5	2	1	3	4
3	1	4	2	6	5
2	4	5	3	1	6
1	6	3	4	5	2

n° B331 - Nivel Difícil

6	4	3	1	2	5
5	1	2	6	3	4
2	6	1	5	4	3
4	3	5	2	6	1
3	5	6	4	1	2
1	2	4	3	5	6

n° B389 - Nivel Difícil

2	1	4	3	5	6
3	6	5	2	1	4
5	2	6	1	4	3
4	3	1	5	6	2
6	5	3	4	2	1
1	4	2	6	3	5

n° B391 - Nivel Difícil

n° 16102 - Nivel Fácil

4		6						2
5	8	7		2	6	3		
					3	7		5
			9	2			8	1
		9	3		8	4		
8	2		4	1				
9		3	7					
		2	5	8		1	3	6
6						9		4

n° 12388 - Nivel Fácil

		6			1			3
	4		5	6		1	9	
	9		4	8			5	7
5		9	2	4				
			5	7	2			4
9	8			2	4		3	
	3	2		7	9		1	
1			8			9		

n° 18479 - Nivel Fácil

		7					8	
			2	7	5	1		
	6		4		8	5	7	
1		6	8			2		4
		5	1		2	6		
4		2			7	9		8
	1	8	7		9		4	
		4	3	8	6			
	9					8		

n° 16633 - Nivel Fácil

8	2		4		3			9
	7	9	8		5			4
	4							
	5		3			8	7	
2		8	1		7	4		6
	6	3			4		9	
							6	
5			6		8	3	4	
6			5		2		1	8

Soluciones :

4	3	6	9	7	5	8	1	2
5	8	7	1	2	6	3	4	9
2	9	1	8	4	3	7	6	5
3	7	4	6	9	2	5	8	1
1	6	9	3	5	8	4	2	7
8	2	5	4	1	7	6	9	3
9	1	3	7	6	4	2	5	8
7	4	2	5	8	9	1	3	6
6	5	8	2	3	1	9	7	4

n° 16102 - Nivel Fácil

8	5	6	7	9	1	4	2	3
7	4	3	5	6	2	1	9	8
2	9	1	4	8	3	6	5	7
5	7	9	2	4	6	3	8	1
6	2	4	3	1	8	5	7	9
3	1	8	9	5	7	2	6	4
9	8	5	1	2	4	7	3	6
4	3	2	6	7	9	8	1	5
1	6	7	8	3	5	9	4	2

n° 12388 - Nivel Fácil

3	5	7	9	6	1	4	8	2
8	4	9	2	7	5	1	6	3
2	6	1	4	3	8	5	7	9
1	7	6	8	9	3	2	5	4
9	8	5	1	4	2	6	3	7
4	3	2	6	5	7	9	1	8
6	1	8	7	2	9	3	4	5
5	2	4	3	8	6	7	9	1
7	9	3	5	1	4	8	2	6

n° 18479 - Nivel Fácil

8	2	6	4	7	3	1	5	9
3	7	9	8	1	5	6	2	4
1	4	5	9	2	6	7	8	3
4	5	1	3	6	9	8	7	2
2	9	8	1	5	7	4	3	6
7	6	3	2	8	4	5	9	1
9	8	4	7	3	1	2	6	5
5	1	2	6	9	8	3	4	7
6	3	7	5	4	2	9	1	8

n° 16633 - Nivel Fácil

nº 1313 - Nível Fácil

		4	3	1	9	8		5
8		2	4			9		
	9				2	6		
	3	1		8	5			
		6				7		
			6	4		1	5	
		9	5				7	
		3			8	2		4
6		8	2	3	7	5		

nº 123192 - Nível Fácil

8		1		3	5			9
	5		4				8	
	6			1	8	2		
		8	5					6
2		4		6		1		7
6					2	4		
		6	2	5			7	
	7				6		1	
5			7	9		8		2

nº 19833 - Nível Fácil

9			1	4			6	
		2	5	7		1		4
	1				3		5	
		6			5			1
4		8		6		9		3
3			9			6		
	4		6				8	
1		9		2	8	5		
	8			5	9			6

nº 116272 - Nível Fácil

3			4				7	
	1			7		8	6	
	8		1	3				9
5		2	3					6
	4		2		7		1	
6					9	7		2
1				8	3		9	
	2	8		1			3	
	6				2			8

Soluciones :

7	6	4	3	1	9	8	2	5
8	1	2	4	5	6	9	3	7
3	9	5	8	7	2	6	4	1
2	3	1	7	8	5	4	9	6
4	5	6	9	2	1	7	8	3
9	8	7	6	4	3	1	5	2
1	2	9	5	6	4	3	7	8
5	7	3	1	9	8	2	6	4
6	4	8	2	3	7	5	1	9

nº 1313 - Nivel Fácil

8	2	1	6	3	5	7	4	9
3	5	9	4	2	7	6	8	1
4	6	7	9	1	8	2	3	5
7	1	8	5	4	9	3	2	6
2	9	4	8	6	3	1	5	7
6	3	5	1	7	2	4	9	8
1	8	6	2	5	4	9	7	3
9	7	2	3	8	6	5	1	4
5	4	3	7	9	1	8	6	2

nº 123192 - Nivel Fácil

9	7	5	1	4	2	3	6	8
8	3	2	5	7	6	1	9	4
6	1	4	8	9	3	7	5	2
7	9	6	2	3	5	8	4	1
4	5	8	7	6	1	9	2	3
3	2	1	9	8	4	6	7	5
5	4	3	6	1	7	2	8	9
1	6	9	4	2	8	5	3	7
2	8	7	3	5	9	4	1	6

nº 19833 - Nivel Fácil

3	9	6	4	2	8	5	7	1
2	1	4	9	7	5	8	6	3
7	8	5	1	3	6	4	2	9
5	7	2	3	4	1	9	8	6
8	4	9	2	6	7	3	1	5
6	3	1	8	5	9	7	4	2
1	5	7	6	8	3	2	9	4
9	2	8	5	1	4	6	3	7
4	6	3	7	9	2	1	5	8

nº 116272 - Nivel Fácil

nº 126910 - Nivel Fácil

							5	2
7		5				8	9	6
	1				2		4	7
	4	7		5	9			
	5		1		8		7	
			6	3		4	8	
4	7		8				2	
5	6	3				7		8
1	8							

nº 122367 - Nivel Fácil

1	8	7	6				4	9
				4	7	1		3
	3			9			8	
		1		8	9			5
		9				3		
3			2	7		9		
	1			2			7	
9		8	4	1				
2	4				5	8	9	1

nº 126234 - Nivel Fácil

4			6	3	5			
2		7	4			9		
	5	9				8		
	9	3	2	7				
5	2		3				4	9
			9	8	2	6		
	3					9	1	
	4		1			8		2
		2	7	5				4

nº 16550 - Nivel Fácil

3		4	1		7	9		
6			3	4	8			
		1						4
8	7				1		6	9
9			8		6			3
2	1		4				7	8
1						2		
			9	1	5			7
		7	2		4	6		1

Soluciones :

n° 126910 - Nivel Fácil

9	3	4	7	8	6	1	5	2
7	2	5	4	1	3	8	9	6
6	1	8	5	9	2	3	4	7
8	4	7	2	5	9	6	3	1
3	5	6	1	4	8	2	7	9
2	9	1	6	3	7	4	8	5
4	7	9	8	6	1	5	2	3
5	6	3	9	2	4	7	1	8
1	8	2	3	7	5	9	6	4

n° 122367 - Nivel Fácil

1	8	7	6	5	3	2	4	9
6	9	2	8	4	7	1	5	3
4	3	5	1	9	2	7	8	6
7	6	1	3	8	9	4	2	5
8	2	9	5	6	4	3	1	7
3	5	4	2	7	1	9	6	8
5	1	3	9	2	8	6	7	4
9	7	8	4	1	6	5	3	2
2	4	6	7	3	5	8	9	1

n° 126234 - Nivel Fácil

4	8	1	9	6	3	5	2	7
2	6	7	8	4	5	3	9	1
3	5	9	1	2	7	4	8	6
6	9	3	2	7	4	1	5	8
5	2	8	6	3	1	7	4	9
1	7	4	5	9	8	2	6	3
7	3	6	4	8	2	9	1	5
9	4	5	3	1	6	8	7	2
8	1	2	7	5	9	6	3	4

n° 16550 - Nivel Fácil

3	2	4	1	5	7	9	8	6
6	5	9	3	4	8	7	1	2
7	8	1	6	9	2	3	5	4
8	7	3	5	2	1	4	6	9
9	4	5	8	7	6	1	2	3
2	1	6	4	3	9	5	7	8
1	9	8	7	6	3	2	4	5
4	6	2	9	1	5	8	3	7
5	3	7	2	8	4	6	9	1

8		5	9	3		6	4	2
	3		8					
		1						8
3		2			8		5	6
7			1		2			9
5	8		4			1		7
4						2		
					7		6	
2	6	7		4	9	5		1

n° 16315 - Nivel Fácil

7	9	3	6	4	1	8		
	4			7				
8					2		9	4
			8					3
	8	7	3		6	9	2	
1			2					
3	6		2					5
			1			6		
		4	8	6	5	3	1	9

n° 18917 - Nivel Fácil

	6				1	9		
3	2		6			5		
		4	9	5		3		
		2		9	8			7
	5		6		7		1	
6		7	4			2		
	4		9	3		5		
	9			5			7	3
		3	7				2	

n° 12716 - Nivel Fácil

	2		5			8	1	
9					8			7
			9			3	6	5
4				1		5		3
		6		8		9		
5			9	4				1
3	7	2			1			
6			7					8
	5	8			6		3	

n° 1285 - Nivel Fácil

Soluciones :

n° 16315 - Nivel Fácil

8	7	5	9	3	1	6	4	2
9	3	4	8	2	6	7	1	5
6	2	1	5	7	4	3	9	8
3	1	2	7	9	8	4	5	6
7	4	6	1	5	2	8	3	9
5	8	9	4	6	3	1	2	7
4	9	8	6	1	5	2	7	3
1	5	3	2	8	7	9	6	4
2	6	7	3	4	9	5	8	1

n° 18917 - Nivel Fácil

7	9	3	6	4	1	8	5	2
5	4	2	9	7	8	1	3	6
8	1	6	5	3	2	7	9	4
6	2	9	1	8	4	5	7	3
4	8	7	3	5	6	9	2	1
1	3	5	7	2	9	6	4	8
3	6	1	2	9	7	4	8	5
9	5	8	4	1	3	2	6	7
2	7	4	8	6	5	3	1	9

n° 12716 - Nivel Fácil

8	6	5	3	7	1	9	4	2
3	2	9	8	6	4	7	5	1
1	7	4	2	9	5	6	3	8
4	3	2	5	1	9	8	6	7
9	5	8	6	2	7	3	1	4
6	1	7	4	8	3	2	9	5
7	4	1	9	3	2	5	8	6
2	9	6	1	5	8	4	7	3
5	8	3	7	4	6	1	2	9

n° 1285 - Nivel Fácil

7	2	3	5	6	4	8	1	9
9	6	5	1	3	8	2	4	7
8	4	1	9	7	2	3	6	5
4	8	7	6	1	9	5	2	3
2	1	6	3	8	5	9	7	4
5	3	9	2	4	7	6	8	1
3	7	2	8	5	1	4	9	6
6	9	4	7	2	3	1	5	8
1	5	8	4	9	6	7	3	2

n° 124140 - Nivel Fácil

4	7			1		6		
6		9			8	5		
8				6				3
9				7		1		4
7	4		1		3		2	5
3		1		8				7
5				2				8
		8	4			3		2
		7		3			5	6

n° 117572 - Nivel Fácil

	4	6	7		3	9	5	
	2		1		5		8	
			2					
3			5		1	2		8
		5		3		7		
4		1	2		8			5
			4					
	7		9		2		3	
	5	2	3		7	6	9	

n° 16043 - Nivel Fácil

6	2	4		9	7	1		
	7				4		9	
1	3	9					7	
		1	2	7				
			6		8			
			5	3	7			
	9					4	6	5
	6		9				8	
		5	4	6		9	3	7

n° 12505 - Nivel Fácil

		4	3		5	2		
		7		8	2			9
5			9	6		8		
9		3	2	1		6		
	8						2	
		5		4	6	9		8
		9		3	4			2
3			1	5		4		
		1	8		7	5		

Soluciones :

n° 124140 - Nivel Fácil

4	7	3	5	1	2	6	8	9
6	2	9	3	4	8	5	7	1
8	1	5	7	6	9	2	4	3
9	8	2	6	7	5	1	3	4
7	4	6	1	9	3	8	2	5
3	5	1	2	8	4	9	6	7
5	3	4	9	2	6	7	1	8
1	6	8	4	5	7	3	9	2
2	9	7	8	3	1	4	5	6

n° 117572 - Nivel Fácil

1	4	6	7	8	3	9	5	2
7	2	9	1	6	5	4	8	3
5	3	8	4	2	9	1	7	6
3	6	7	5	9	1	2	4	8
2	8	5	6	3	4	7	1	9
4	9	1	2	7	8	3	6	5
9	1	3	8	4	6	5	2	7
6	7	4	9	5	2	8	3	1
8	5	2	3	1	7	6	9	4

n° 16043 - Nivel Fácil

6	2	4	8	9	7	1	5	3
5	7	8	3	1	4	6	9	2
1	3	9	5	2	6	8	7	4
3	8	1	2	7	9	5	4	6
7	5	2	6	4	8	3	1	9
9	4	6	1	5	3	7	2	8
2	9	3	7	8	1	4	6	5
4	6	7	9	3	5	2	8	1
8	1	5	4	6	2	9	3	7

n° 12505 - Nivel Fácil

8	9	4	3	7	5	2	1	6
1	6	7	4	8	2	3	5	9
5	3	2	9	6	1	8	7	4
9	7	3	2	1	8	6	4	5
4	8	6	5	9	3	7	2	1
2	1	5	7	4	6	9	3	8
7	5	9	6	3	4	1	8	2
3	2	8	1	5	9	4	6	7
6	4	1	8	2	7	5	9	3

n° 126518 - Nivel Fácil

6								2
	3		9		7		8	4
					8	6	3	
	1		8		3	4		6
	4	6		5		8	7	
8		7	6		1		9	
	5	1	3					
4	8		5		2		6	
2								9

n° 18693 - Nivel Fácil

	6	2		7				
	1			5	8	7		2
8			1		2		3	
		4	7			2	8	
	9			8			5	
	3	8			6	9		
	8		2		4			7
7		6	3	9			2	
			1			4	6	

n° 18380 - Nivel Fácil

3		9		2	1			4
4	6			8	3			1
		7	6				8	
				1	5	3	4	
	5	1	9	3				
	4				2	6		
6			4	9			5	7
7			1	5		4		2

n° 122222 - Nivel Fácil

				9	6	5		
6			5	7	3			1
5		9	1				4	
				2	1		3	5
3	9						8	2
4	1		8	3				
	5				8	2		9
9			2	5	4			3
		3	7	6				

Soluciones :

6	7	8	4	3	5	9	1	2
1	3	2	9	6	7	5	8	4
5	9	4	1	2	8	6	3	7
9	1	5	8	7	3	4	2	6
3	4	6	2	5	9	8	7	1
8	2	7	6	4	1	3	9	5
7	5	1	3	9	6	2	4	8
4	8	9	5	1	2	7	6	3
2	6	3	7	8	4	1	5	9

4	6	2	9	7	3	8	1	5
9	1	3	6	5	8	7	4	2
8	7	5	1	4	2	6	3	9
6	5	4	7	3	9	2	8	1
2	9	7	4	8	1	3	5	6
1	3	8	5	2	6	9	7	4
3	8	1	2	6	4	5	9	7
7	4	6	3	9	5	1	2	8
5	2	9	8	1	7	4	6	3

3	8	9	7	2	1	5	6	4
4	6	2	5	8	3	9	7	1
5	1	7	6	4	9	2	8	3
2	7	6	8	1	5	3	4	9
9	3	4	2	6	7	8	1	5
8	5	1	9	3	4	7	2	6
1	4	5	3	7	2	6	9	8
6	2	3	4	9	8	1	5	7
7	9	8	1	5	6	4	3	2

2	3	1	4	9	6	5	7	8
6	4	8	5	7	3	9	2	1
5	7	9	1	8	2	3	4	6
8	6	7	9	2	1	4	3	5
3	9	5	6	4	7	1	8	2
4	1	2	8	3	5	6	9	7
7	5	4	3	1	8	2	6	9
9	8	6	2	5	4	7	1	3
1	2	3	7	6	9	8	5	4

		5	4			8	1	3
1			7		8		2	
	4			1	5			6
2		6					7	
	8						4	
	1					9		5
9			8	4			5	
	5		6		7			9
3	2	7			9	4		

n° 112921 - Nivel Fácil

			3				7	
	2				7	5		8
7	9		8			3		2
		8				2	9	1
	1	5				6	8	
3	6	2				4		
5		1			8		2	9
2		9	1				4	
	8				9			

n° 128789 - Nivel Fácil

				3		1	9	7
	7			8	9			5
	3	1	5	6			4	2
1	2	4						
6								3
						2	1	9
3	1			4	2	5	7	
7			9	5			2	
2	8	5		1				

n° 127946 - Nivel Fácil

6	3			4		8		
8					1			
			8	3	9		1	5
	7			8	2		5	6
5	2						8	3
3	9		5	6			4	
4	8		7	2	3			
			1					2
		3		9			7	8

n° 19438 - Nivel Fácil

Soluciones :

6	7	5	4	9	2	8	1	3
1	3	9	7	6	8	5	2	4
8	4	2	3	1	5	7	9	6
2	9	6	5	8	4	3	7	1
5	8	3	9	7	1	6	4	2
7	1	4	2	3	6	9	8	5
9	6	1	8	4	3	2	5	7
4	5	8	6	2	7	1	3	9
3	2	7	1	5	9	4	6	8

n° 112921 - Nivel Fácil

8	5	6	3	1	2	9	7	4
1	2	3	4	9	7	5	6	8
7	9	4	8	5	6	3	1	2
4	7	8	5	6	3	2	9	1
9	1	5	7	2	4	6	8	3
3	6	2	9	8	1	4	5	7
5	4	1	6	3	8	7	2	9
2	3	9	1	7	5	8	4	6
6	8	7	2	4	9	1	3	5

n° 128789 - Nivel Fácil

5	6	8	2	3	4	1	9	7
4	7	2	1	8	9	6	3	5
9	3	1	5	6	7	8	4	2
1	2	4	3	9	5	7	8	6
6	9	7	8	2	1	4	5	3
8	5	3	4	7	6	2	1	9
3	1	9	6	4	2	5	7	8
7	4	6	9	5	8	3	2	1
2	8	5	7	1	3	9	6	4

n° 127946 - Nivel Fácil

6	3	1	2	4	5	8	9	7
8	5	9	6	7	1	3	2	4
7	4	2	8	3	9	6	1	5
1	7	4	3	8	2	9	5	6
5	2	6	9	1	4	7	8	3
3	9	8	5	6	7	2	4	1
4	8	5	7	2	3	1	6	9
9	6	7	1	5	8	4	3	2
2	1	3	4	9	6	5	7	8

n° 19438 - Nivel Fácil

n° 18948 - Nível Fácil

3			7	2		8		
		6		8	9			7
		5	1		3	9		
7		1	9	4		2		
	8						9	
		3		5	2	7		8
		4	8			6	3	
1			4	3		5		
		7		1	5			9

n° 13227 - Nível Fácil

	7						1	6
		1	6	2		9		
6				3	9	8		
2		7			1		3	
1		4		6		5		8
	6		2			1		9
		9	3	8				2
		2		7	6	4		
7	8						9	

n° 15384 - Nível Fácil

6	8	9	4				2	1
				2	9	6		5
	5			1			8	
		6		8	1			3
		1				5		
5			7	9		1		
	6			7			9	
1		8	2	6				
7	2				3	8	1	6

n° 16811 - Nível Fácil

	6				9			2
2		1	7	3		8		6
			5	2				4
	3	6	8	9				
		8				4		
			1	3		9	6	
6				7	1			
7		9		6	8	5		1
8			2				7	

Soluciones :

3	1	9	7	2	4	8	6	5
4	2	6	5	8	9	1	3	7
8	7	5	1	6	3	9	4	2
7	6	1	9	4	8	2	5	3
5	8	2	3	7	1	6	9	4
9	4	3	6	5	2	7	1	8
2	5	4	8	9	6	3	7	1
1	9	8	4	3	7	5	2	6
6	3	7	2	1	5	4	8	9

n° 18948 - Nivel Fácil

9	7	3	5	4	8	2	1	6
8	4	1	6	2	7	9	5	3
6	2	5	1	3	9	8	4	7
2	5	7	8	9	1	6	3	4
1	9	4	7	6	3	5	2	8
3	6	8	2	5	4	1	7	9
4	1	9	3	8	5	7	6	2
5	3	2	9	7	6	4	8	1
7	8	6	4	1	2	3	9	5

n° 13227 - Nivel Fácil

6	8	9	4	3	5	7	2	1
4	1	7	8	2	9	6	3	5
2	5	3	6	1	7	9	8	4
9	4	6	5	8	1	2	7	3
8	7	1	3	4	2	5	6	9
5	3	2	7	9	6	1	4	8
3	6	5	1	7	8	4	9	2
1	9	8	2	6	4	3	5	7
7	2	4	9	5	3	8	1	6

n° 15384 - Nivel Fácil

3	6	4	1	8	9	7	5	2
2	5	1	7	3	4	8	9	6
9	8	7	5	2	6	3	1	4
4	3	6	8	9	7	1	2	5
1	9	8	6	5	2	4	3	7
5	7	2	4	1	3	9	6	8
6	4	5	9	7	1	2	8	3
7	2	9	3	6	8	5	4	1
8	1	3	2	4	5	6	7	9

n° 16811 - Nivel Fácil

Sudoku n° 126295 - Nivel Fácil

	8					6		
			7	5		9		
5	3		8	6				2
9	7			2	4			5
6		4	5		8	3		1
8		1	7				2	6
3			9	5			6	4
	6		2	3				
		5				3		

Sudoku n° 12251 - Nivel Fácil

	4	2	6				5	9
			5	1		2	4	6
	5		8					7
	7					3		
4	1	9				7	8	5
	3						6	
5					6		7	
2	6	7		4	3			
3	8				5	6	2	

Sudoku n° 13964 - Nivel Fácil

		2		9	1			
	3	9		2	5	1	8	
		5	6					9
				1	7		3	2
	5						4	
7	2		5	3				
2					3	6		
	1	6	9	7		2	5	
			8	6		4		

Sudoku n° 14555 - Nivel Fácil

	8				7		1	5
				3	5	7		
7			8	6		2		3
1			4		2	3		6
			9					
9		2	7		3			8
3		9		5	4			2
		4	6	7				
5	1		3				7	

Soluciones :

n° 126295 - Nivel Fácil

1	8	7	4	2	9	6	5	3
2	4	6	3	7	5	1	9	8
5	3	9	1	8	6	7	4	2
9	7	3	6	1	2	4	8	5
6	2	4	5	9	8	3	7	1
8	5	1	7	4	3	9	2	6
3	1	2	9	5	7	8	6	4
7	6	8	2	3	4	5	1	9
4	9	5	8	6	1	2	3	7

n° 12251 - Nivel Fácil

1	4	2	6	3	7	8	5	9
7	3	8	5	1	9	2	4	6
9	5	6	8	2	4	1	3	7
6	7	5	4	9	8	3	1	2
4	1	9	3	6	2	7	8	5
8	2	3	7	5	1	9	6	4
5	9	1	2	8	6	4	7	3
2	6	7	1	4	3	5	9	8
3	8	4	9	7	5	6	2	1

n° 13964 - Nivel Fácil

4	8	2	3	9	1	7	6	5
6	3	9	7	2	5	1	8	4
1	7	5	6	4	8	3	2	9
9	6	8	4	1	7	5	3	2
3	5	1	2	8	6	9	4	7
7	2	4	5	3	9	8	1	6
2	4	7	1	5	3	6	9	8
8	1	6	9	7	4	2	5	3
5	9	3	8	6	2	4	7	1

n° 14555 - Nivel Fácil

2	8	3	9	4	7	6	1	5
6	4	1	2	3	5	7	8	9
7	9	5	8	6	1	2	4	3
1	5	7	4	8	2	3	9	6
4	3	8	5	9	6	1	2	7
9	6	2	7	1	3	4	5	8
3	7	9	1	5	4	8	6	2
8	2	4	6	7	9	5	3	1
5	1	6	3	2	8	9	7	4

n° 21285 - Nivel Medio

9	3				1	5		6
6				2				
4				9	8			
1	4			8				
		5	7	4	3	6		
			1				4	8
		8	2					4
				7				3
2		4	8				7	5

n° 216770 - Nivel Medio

	1			9		8	4	
9				8	1		6	3
			3				1	
6				7				8
	9		8		5		2	
2				4				1
	6				7			
8	3		6	1				7
	7	9		5			3	

n° 214423 - Nivel Medio

	4	8						
9	3	7	5	1				
			7					
5		9	3			1		
	7	2	9	4	1	3	5	
		3			7	8		2
					3			
				7	9	5	8	3
							2	4

n° 211912 - Nivel Medio

6			4	3				
		7			9	5		3
		1			6		9	
	8		9			4		
	2	4				7	5	
		3			4	1		
	7		6			2		
8			6	2		3		
				9	7			5

Soluciones :

9	3	7	4	8	1	5	2	6
6	8	1	5	2	7	4	3	9
4	5	2	3	6	9	8	1	7
1	4	3	6	9	8	7	5	2
8	2	5	7	4	3	6	9	1
7	6	9	1	5	2	3	4	8
3	7	8	2	1	5	9	6	4
5	1	6	9	7	4	2	8	3
2	9	4	8	3	6	1	7	5

n° 21285 - Nivel Medio

3	1	5	7	9	6	8	4	2
9	2	4	5	8	1	7	6	3
7	8	6	3	2	4	9	1	5
6	4	3	1	7	2	5	9	8
1	9	7	8	6	5	3	2	4
2	5	8	9	4	3	6	7	1
5	6	1	4	3	7	2	8	9
8	3	2	6	1	9	4	5	7
4	7	9	2	5	8	1	3	6

n° 216770 - Nivel Medio

1	4	8	2	9	6	7	3	5
9	3	7	5	1	4	6	2	8
2	5	6	7	3	8	4	1	9
5	6	9	3	8	2	1	7	4
8	7	2	9	4	1	3	5	6
4	1	3	6	5	7	8	9	2
7	8	5	4	2	3	9	6	1
6	2	4	1	7	9	5	8	3
3	9	1	8	6	5	2	4	7

n° 214423 - Nivel Medio

6	9	8	4	3	5	1	2	7
2	4	7	8	1	9	5	6	3
5	3	1	7	2	6	8	9	4
1	8	5	9	7	2	4	3	6
9	2	4	1	6	3	7	5	8
7	6	3	5	8	4	9	1	2
3	7	9	6	5	8	2	4	1
8	5	6	2	4	1	3	7	9
4	1	2	3	9	7	6	8	5

n° 211912 - Nivel Medio

n° 26324 - Nivel Medio

			8	4				7
		4				1		
5								9
9			4	6		2		
6		1	3	8	9	5		4
		3		2	7			1
8								5
		2				9		
3				5	6			

n° 221898 - Nivel Medio

							2	5
	9				4	6		
2	3	7					8	
			5		1			8
5	4		8		2		1	6
1			6		3			
	8					3	5	7
		4	3				9	
3	1							

n° 229865 - Nivel Medio

		4	7			9	1	
2					8			6
	9			5	1			
		5	2	4				1
	7	3				4	2	
4				3	9	6		
			5	8			6	
7			6					2
	5	6			2	8		

n° 21463 - Nivel Medio

7	2			4			3	
			9					
1	6		3	2				
		6						5
8	4		5	3	9		1	6
5						7		
			9	5			7	8
				1				
	7		6				9	4

n° 26324 - Nivel Medio

2	1	9	8	4	5	3	6	7
7	3	4	6	9	2	1	5	8
5	6	8	1	7	3	4	2	9
9	7	5	4	6	1	2	8	3
6	2	1	3	8	9	5	7	4
4	8	3	5	2	7	6	9	1
8	9	6	2	1	4	7	3	5
1	5	2	7	3	8	9	4	6
3	4	7	9	5	6	8	1	2

n° 221898 - Nivel Medio

4	6	1	7	3	8	9	2	5
8	9	5	1	2	4	6	7	3
2	3	7	9	6	5	4	8	1
9	7	6	5	4	1	2	3	8
5	4	3	8	9	2	7	1	6
1	2	8	6	7	3	5	4	9
6	8	2	4	1	9	3	5	7
7	5	4	3	8	6	1	9	2
3	1	9	2	5	7	8	6	4

n° 229865 - Nivel Medio

5	8	4	7	2	6	9	1	3
2	3	1	4	9	8	7	5	6
6	9	7	3	5	1	2	4	8
9	6	5	2	4	7	3	8	1
8	7	3	1	6	5	4	2	9
4	1	2	8	3	9	6	7	5
3	2	9	5	8	4	1	6	7
7	4	8	6	1	3	5	9	2
1	5	6	9	7	2	8	3	4

n° 21463 - Nivel Medio

7	2	5	1	4	6	8	3	9
4	8	3	9	5	7	6	2	1
1	6	9	3	2	8	4	5	7
3	1	6	7	8	2	9	4	5
8	4	7	5	3	9	2	1	6
5	9	2	6	1	4	7	8	3
6	3	4	2	9	5	1	7	8
9	5	8	4	7	1	3	6	2
2	7	1	8	6	3	5	9	4

n° 23526 - Nivel Medio

	5		1		2	6		9
	6		4	5				
2		3			6			5
	4						3	
3								1
	9						6	
1			9			7		2
				7	5		1	
8		5	2		4		9	

n° 217221 - Nivel Medio

			4		5			2
	7			9			6	
	6		1					
	1	4				7		8
	9	7		8		4	1	
8		5				9	2	
					6		5	
	5			3			9	
1			2		7			

n° 24959 - Nivel Medio

				1		8	7	9
3		1	9					5
4			7					
	3	6	8					
	5		3		1		8	
				5	7	3		
				2				8
5				8		3		6
1	6	8		3				

n° 29850 - Nivel Medio

	6			9	8	4		3
		4			3	7		
3	8							
2		9			6	8		
	4						7	
		6	7			5		2
							6	1
		2	1			3		
7			1	2	6		8	

Soluciones :

4	5	7	1	3	2	6	8	9
9	6	8	4	5	7	1	2	3
2	1	3	8	9	6	4	7	5
5	4	2	6	8	1	9	3	7
3	8	6	7	2	9	5	4	1
7	9	1	5	4	3	2	6	8
1	3	4	9	6	8	7	5	2
6	2	9	3	7	5	8	1	4
8	7	5	2	1	4	3	9	6

n° 23526 - Nivel Medio

9	8	1	4	6	5	3	7	2
4	7	2	3	9	8	5	6	1
5	6	3	1	7	2	8	4	9
6	1	4	5	2	9	7	3	8
2	9	7	6	8	3	4	1	5
8	3	5	7	1	4	9	2	6
3	2	8	9	4	6	1	5	7
7	5	6	8	3	1	2	9	4
1	4	9	2	5	7	6	8	3

n° 217221 - Nivel Medio

6	2	5	4	1	3	8	7	9
3	7	1	2	9	8	4	6	5
4	8	9	7	5	6	1	2	3
2	3	6	8	7	4	9	5	1
9	5	7	3	2	1	6	8	4
8	1	4	9	6	5	7	3	2
7	9	3	6	4	2	5	1	8
5	4	2	1	8	7	3	9	6
1	6	8	5	3	9	2	4	7

n° 24959 - Nivel Medio

1	6	7	5	9	8	4	2	3
9	2	4	6	1	3	7	5	8
3	8	5	4	7	2	1	9	6
2	7	9	3	5	6	8	1	4
5	4	3	8	2	1	6	7	9
8	1	6	7	4	9	5	3	2
4	5	8	9	3	7	2	6	1
6	9	2	1	8	5	3	4	7
7	3	1	2	6	4	9	8	5

n° 29850 - Nivel Medio

n° 2959 - Nivel Medio

								1
1	5					4		
		9	2				7	5
8	1	4			9		2	3
			3	8	2			
7	2		1			5	8	9
2	9				6	1		
		1					6	7
4								

n° 222186 - Nivel Medio

		4		2				8
					3			
9		8	4			2	1	
		5			1			4
3	2						7	5
1			2			9		
	8	3			2	4		6
			5					
4				9		7		

n° 29459 - Nivel Medio

					1			4
8	7				2	9		
		4	9		3	2	5	
3	8				9			
	4	2				7	1	
			2				4	3
	9	5	1		8	4		
		8	7				9	6
7			6					

n° 220820 - Nivel Medio

			8					2
4				7		9		8
	8			1	2		5	4
	1			6			3	
3			7		5			9
	5			8			2	
2	4		1	5			9	
6		5		9				1
1					4			

Soluciones :

3	7	8	6	4	5	2	9	1
1	5	2	8	9	7	4	3	6
6	4	9	2	1	3	8	7	5
8	1	4	7	5	9	6	2	3
9	6	5	3	8	2	7	1	4
7	2	3	1	6	4	5	8	9
2	9	7	5	3	6	1	4	8
5	3	1	4	2	8	9	6	7
4	8	6	9	7	1	3	5	2

n° 2959 - Nivel Medio

7	5	4	1	2	9	3	6	8
6	1	2	8	7	3	5	4	9
9	3	8	4	6	5	2	1	7
8	7	5	9	3	1	6	2	4
3	2	9	6	8	4	1	7	5
1	4	6	2	5	7	9	8	3
5	8	3	7	1	2	4	9	6
2	9	7	5	4	6	8	3	1
4	6	1	3	9	8	7	5	2

n° 222186 - Nivel Medio

2	5	9	8	6	1	3	7	4
8	7	3	5	4	2	9	6	1
1	6	4	9	7	3	2	5	8
3	8	7	4	1	9	6	2	5
5	4	2	3	8	6	7	1	9
9	1	6	2	5	7	8	4	3
6	9	5	1	2	8	4	3	7
4	2	8	7	3	5	1	9	6
7	3	1	6	9	4	5	8	2

n° 29459 - Nivel Medio

5	9	3	8	4	6	1	7	2
4	2	1	5	7	3	9	6	8
7	8	6	9	1	2	3	5	4
8	1	2	4	6	9	5	3	7
3	6	4	7	2	5	8	1	9
9	5	7	3	8	1	4	2	6
2	4	8	1	5	7	6	9	3
6	3	5	2	9	8	7	4	1
1	7	9	6	3	4	2	8	5

n° 220820 - Nivel Medio

n° 217901 - Nivel Medio

		6	2		1			4
4			5			2		
		2	9		7		5	1
1				8	2			
				9				
			4	1				3
6	2		8		4	7		
		5			6			2
7			1		9	3		

n° 229730 - Nivel Medio

		9				5		
2								8
1				5	7			
		6		3	5			2
5		8	2	7	4	9		3
9			1	6		4		
			3	8				4
8								7
		2				6		

n° 221280 - Nivel Medio

	5			7	6			8
	9					7		
	8	1		3			6	4
			9	4	3	2		
		9	7	6	8			
3	6			2		1	9	
		2					5	
9			3	8			4	

n° 220678 - Nivel Medio

	9	8		7	3			
		7	2					6
2			5					9
	6	4						
8	1						6	3
						4	5	
4					6			8
9					4	3		
			7	1		6	9	

Soluciones :

5	7	6	2	3	1	8	9	4
4	9	1	5	6	8	2	3	7
3	8	2	9	4	7	6	5	1
1	3	9	7	8	2	5	4	6
2	5	4	6	9	3	1	7	8
8	6	7	4	1	5	9	2	3
6	2	3	8	5	4	7	1	9
9	1	5	3	7	6	4	8	2
7	4	8	1	2	9	3	6	5

n° 217901 - Nivel Medio

7	8	9	6	2	3	5	4	1
2	6	5	4	1	9	7	3	8
1	3	4	8	5	7	2	9	6
4	7	6	9	3	5	8	1	2
5	1	8	2	7	4	9	6	3
9	2	3	1	6	8	4	7	5
6	9	7	3	8	2	1	5	4
8	4	1	5	9	6	3	2	7
3	5	2	7	4	1	6	8	9

n° 229730 - Nivel Medio

2	5	4	1	7	6	9	3	8
6	9	3	8	5	4	7	2	1
7	8	1	2	3	9	5	6	4
5	1	7	9	4	3	2	8	6
8	3	6	5	1	2	4	7	9
4	2	9	7	6	8	3	1	5
3	6	8	4	2	5	1	9	7
1	4	2	6	9	7	8	5	3
9	7	5	3	8	1	6	4	2

n° 221280 - Nivel Medio

6	9	8	1	7	3	2	4	5
1	5	7	2	4	9	8	3	6
2	4	3	5	6	8	1	7	9
5	6	4	3	2	7	9	8	1
8	1	2	4	9	5	7	6	3
7	3	9	6	8	1	4	5	2
4	7	1	9	3	6	5	2	8
9	2	6	8	5	4	3	1	7
3	8	5	7	1	2	6	9	4

n° 220678 - Nivel Medio

n° 28410 — Nivel Medio

	3			4	8		5	1
8				3		4		7
			5					8
	1			9			4	
3			4		6			2
	2			7			8	
1					9			
9		3		6				5
5	4		1	8			9	

n° 226513 — Nivel Medio

8					1			
	9		6			7	2	
	6			2	3			4
		1		9	5		7	
9				1				8
	5		3	4		6		
3			5	7			4	
	2	5			8		9	
			1					7

n° 215861 — Nivel Medio

		2	3		7			
	5			8			6	
					9		5	
6		1					9	7
7	9			1			8	6
8	2					1		3
	3		5					
	8			4			3	
			6		2	9		

n° 226362 — Nivel Medio

			8				5	3
			4	5		6		7
5	6		9					
						8	4	
	4	7				3	6	
	3	5						
					9		2	6
2		3		7	4			
4	1				5			

Soluciones :

2	3	7	6	4	8	9	5	1
8	5	6	9	3	1	4	2	7
4	9	1	5	2	7	3	6	8
7	1	5	8	9	2	6	4	3
3	8	9	4	1	6	5	7	2
6	2	4	3	7	5	1	8	9
1	6	8	7	5	9	2	3	4
9	7	3	2	6	4	8	1	5
5	4	2	1	8	3	7	9	6

n° 28410 - Nivel Medio

8	4	2	7	5	1	9	6	3
1	9	3	6	8	4	7	2	5
5	6	7	9	2	3	1	8	4
6	3	1	8	9	5	4	7	2
9	7	4	2	1	6	5	3	8
2	5	8	3	4	7	6	1	9
3	1	9	5	7	2	8	4	6
7	2	5	4	6	8	3	9	1
4	8	6	1	3	9	2	5	7

n° 226513 - Nivel Medio

4	6	2	3	5	7	8	1	9
3	5	9	1	8	4	7	6	2
1	7	8	2	6	9	3	5	4
6	4	1	8	2	3	5	9	7
7	9	3	4	1	5	2	8	6
8	2	5	7	9	6	1	4	3
9	3	6	5	7	8	4	2	1
2	8	7	9	4	1	6	3	5
5	1	4	6	3	2	9	7	8

n° 215861 - Nivel Medio

9	7	4	8	2	6	1	5	3
3	8	2	4	5	1	6	9	7
5	6	1	9	3	7	2	8	4
1	2	9	7	6	3	8	4	5
8	4	7	5	9	2	3	6	1
6	3	5	1	4	8	9	7	2
7	5	8	3	1	9	4	2	6
2	9	3	6	7	4	5	1	8
4	1	6	2	8	5	7	3	9

n° 226362 - Nivel Medio

n° 229012 - Nivel Medio

	2		5		1			
1		5		4				
8	4					5		1
7	9	6		3				5
		4				6		
2				7		8	4	3
6		2					5	8
				9		7		6
			3		8		2	

n° 212652 - Nivel Medio

4	9				8	3		
					4			8
		5	3		7	6	9	
2	5				1			
	7	8				1	5	
			9				3	2
	6	1	2		9	5		
5			7					
		9	1				8	3

n° 224041 - Nivel Medio

8	1				5		9	
3							7	
		9	8	4				
5		1					2	
	9		6	5	2		1	
	2					8		5
			9	4	3			
	8							7
	3		1				6	2

n° 212398 - Nivel Medio

	4		9	1				2
	1	6						8
		9	8	3				
						1	7	5
		3				8		
5	8	1						
			9	7	2			
2						3	9	
6				2	1		8	

Soluciones :

9	2	3	5	8	1	4	6	7
1	6	5	7	4	9	3	8	2
8	4	7	6	2	3	5	9	1
7	9	6	8	3	4	2	1	5
3	8	4	1	5	2	6	7	9
2	5	1	9	7	6	8	4	3
6	3	2	4	1	7	9	5	8
4	1	8	2	9	5	7	3	6
5	7	9	3	6	8	1	2	4

nº 229012 - Nivel Medio

4	9	7	6	2	8	3	1	5
1	3	6	5	9	4	7	2	8
8	2	5	3	1	7	6	9	4
2	5	3	8	6	1	4	7	9
9	7	8	4	3	2	1	5	6
6	1	4	9	7	5	8	3	2
3	6	1	2	8	9	5	4	7
5	8	2	7	4	3	9	6	1
7	4	9	1	5	6	2	8	3

nº 212652 - Nivel Medio

8	1	7	3	6	5	2	9	4
3	4	6	9	2	1	5	7	8
2	5	9	8	4	7	1	3	6
5	7	1	4	8	3	6	2	9
4	9	8	6	5	2	7	1	3
6	2	3	7	1	9	8	4	5
7	6	2	5	9	4	3	8	1
1	8	4	2	3	6	9	5	7
9	3	5	1	7	8	4	6	2

nº 224041 - Nivel Medio

8	4	5	9	1	6	7	3	2
3	1	6	2	7	4	9	5	8
7	2	9	8	3	5	6	1	4
9	6	2	4	8	3	1	7	5
4	7	3	1	5	2	8	6	9
5	8	1	7	6	9	4	2	3
1	3	8	5	9	7	2	4	6
2	5	7	6	4	8	3	9	1
6	9	4	3	2	1	5	8	7

nº 212398 - Nivel Medio

n° 33782 - Nivel Difícil

		2		9	6			
3				2			7	9
					3		5	
2	8					3		
	4			1			6	
		9					1	7
	6		8					
1	9			4				5
			9	3		7		

n° 319022 - Nivel Difícil

7	3			8	2	9		
8			1				7	
3	4							9
		7	8	6	3	1		
2							3	5
	9				7			2
		8	6	5			4	7

n° 327751 - Nivel Difícil

				5		6	9	
			2				7	
1					9	4		3
	1		4		2			
2								8
			6		3		1	
4		2	8					5
	8				5			
	6	1		3				

n° 332 - Nivel Difícil

9					2	4		
		2	8		6		1	
6				7				
1		5					8	
	3			1			4	
	4					7		1
			5					2
	2		9			1	5	
		4	6					3

Soluciones :

4	7	2	5	9	6	1	8	3
3	5	6	1	2	8	4	7	9
9	1	8	4	7	3	6	5	2
2	8	1	7	6	5	3	9	4
5	4	7	3	1	9	2	6	8
6	3	9	2	8	4	5	1	7
7	6	4	8	5	2	9	3	1
1	9	3	6	4	7	8	2	5
8	2	5	9	3	1	7	4	6

nº 33782 - Nivel Difícil

7	3	5	4	8	2	9	1	6
8	6	2	1	9	5	4	7	3
4	1	9	7	3	6	2	5	8
3	4	6	5	2	1	7	8	9
9	5	7	8	6	3	1	2	4
2	8	1	9	7	4	6	3	5
6	7	3	2	4	8	5	9	1
5	9	4	3	1	7	8	6	2
1	2	8	6	5	9	3	4	7

nº 319022 - Nivel Difícil

8	7	4	3	5	1	6	9	2
9	3	6	2	4	8	5	7	1
1	2	5	7	6	9	4	8	3
6	1	3	4	8	2	7	5	9
2	4	9	5	1	7	3	6	8
7	5	8	6	9	3	2	1	4
4	9	2	8	7	6	1	3	5
3	8	7	1	2	5	9	4	6
5	6	1	9	3	4	8	2	7

nº 327751 - Nivel Difícil

9	7	8	1	3	2	4	5	6
4	5	2	8	9	6	3	1	7
6	1	3	4	7	5	9	2	8
1	6	5	7	4	3	2	8	9
8	3	7	2	1	9	6	4	5
2	4	9	5	6	8	7	3	1
7	9	1	3	5	4	8	6	2
3	2	6	9	8	1	5	7	4
5	8	4	6	2	7	1	9	3

nº 332 - Nivel Difícil

n° 39725 - Nivel Difícil

1	7				5	3		
			4			2		
	2				7		5	
6			5					
	5	9		3		1	2	
					2			6
	9		1				3	
		7			4			
		8	3				4	2

n° 325960 - Nivel Difícil

		1			8			
	8	4	7		2			
2							9	
	1							4
	6	3	8		1	5	7	
8							1	
	2							5
			1		5	3	4	
			6			1		

n° 3974 - Nivel Difícil

			5			8		
	7			2				9
2	4		6			7		
3			4				1	
9		4				5		7
	8				5			2
		2			6		9	1
7				3			4	
		3			9			

n° 310799 - Nivel Difícil

1		3	6					
5			1	2	7			
	7						4	
	8	2		1				
4								1
				3		4	7	
	3						9	
			3	5	1			4
					8	3		7

Soluciones :

1	7	4	2	8	5	3	6	9
9	6	5	4	1	3	2	8	7
8	2	3	9	6	7	4	5	1
6	4	2	5	9	1	8	7	3
7	5	9	8	3	6	1	2	4
3	8	1	7	4	2	5	9	6
4	9	6	1	2	8	7	3	5
2	3	7	6	5	4	9	1	8
5	1	8	3	7	9	6	4	2

n° 39725 - Nivel Difícil

6	3	1	9	4	8	2	5	7
9	8	4	7	5	2	6	3	1
2	5	7	3	1	6	4	9	8
5	1	9	2	7	3	8	6	4
4	6	3	8	9	1	5	7	2
8	7	2	5	6	4	9	1	3
1	2	6	4	3	9	7	8	5
7	9	8	1	2	5	3	4	6
3	4	5	6	8	7	1	2	9

n° 325960 - Nivel Difícil

1	3	6	5	9	7	8	2	4
5	7	8	3	2	4	1	6	9
2	4	9	6	8	1	7	5	3
3	2	5	4	7	8	9	1	6
9	1	4	2	6	3	5	8	7
6	8	7	9	1	5	4	3	2
8	5	2	7	4	6	3	9	1
7	9	1	8	3	2	6	4	5
4	6	3	1	5	9	2	7	8

n° 3974 - Nivel Difícil

1	2	3	6	4	9	7	8	5
5	4	8	1	2	7	9	6	3
6	7	9	5	8	3	1	4	2
3	8	2	7	1	4	6	5	9
4	6	7	8	9	5	2	3	1
9	1	5	2	3	6	4	7	8
8	3	1	4	7	2	5	9	6
7	9	6	3	5	1	8	2	4
2	5	4	9	6	8	3	1	7

n° 310799 - Nivel Difícil

Puzzle nº 319177 — Nivel Difícil

		2					8	
	6	1			5			
	8	9		3				
			6	4				9
9	1		7		2		5	6
3				5	9			
				7		5	9	
			9			7	2	
	9					6		

Puzzle nº 310932 — Nivel Difícil

	7		9					
3	1			6				8
				8		1	2	
		4	6				5	7
				5				
1	6				3	4		
	5	3		7				
6				3			4	5
					9		3	

Puzzle nº 317093 — Nivel Difícil

				1				3
		6		3			7	
7						6		9
		2			7			
	8	4		9		5	6	
			4			2		
3		5						1
	1			4		8		
2				5				

Puzzle nº 324484 — Nivel Difícil

	7	4			9	2		5
3		6		4		9		
			3					
	3							6
	8			1			5	
2							1	
					6			
		7		2		6		3
6			8	9			4	2

Soluciones :

5	3	2	4	6	1	9	8	7
7	6	1	8	9	5	4	3	2
4	8	9	2	3	7	1	6	5
8	7	5	6	4	3	2	1	9
9	1	4	7	8	2	3	5	6
3	2	6	1	5	9	8	7	4
2	4	8	3	7	6	5	9	1
6	5	3	9	1	4	7	2	8
1	9	7	5	2	8	6	4	3

n° 319172 - Nivel Difícil

2	7	8	9	1	5	3	6	4
3	1	9	4	6	2	5	7	8
5	4	6	3	8	7	1	2	9
8	3	4	6	2	1	9	5	7
9	2	7	8	5	4	6	1	3
1	6	5	7	9	3	4	8	2
4	5	3	2	7	6	8	9	1
6	9	2	1	3	8	7	4	5
7	8	1	5	4	9	2	3	6

n° 310932 - Nivel Difícil

8	2	9	7	1	6	4	5	3
4	5	6	8	3	9	1	7	2
7	3	1	5	2	4	6	8	9
5	6	2	1	8	7	3	9	4
1	8	4	2	9	3	5	6	7
9	7	3	4	6	5	2	1	8
3	4	5	6	7	8	9	2	1
6	1	7	9	4	2	8	3	5
2	9	8	3	5	1	7	4	6

n° 317093 - Nivel Difícil

1	7	4	8	6	9	2	3	5
3	5	6	2	4	1	9	7	8
8	9	2	3	5	7	1	6	4
7	3	1	5	9	2	8	4	6
4	8	9	6	1	3	7	5	2
2	6	5	7	8	4	3	1	9
9	2	3	4	7	6	5	8	1
5	4	7	1	2	8	6	9	3
6	1	8	9	3	5	4	2	7

n° 324484 - Nivel Difícil

n° 317587 - Nivel Difícil

5						8	6	9
3		7			8			
			5	9				3
1	3			7				
		6				9		
			6				8	7
7				2	1			
			3			2		5
4	2	8						1

n° 3325 - Nivel Difícil

			3				5	
		6		5				9
2		3	1				7	
7			8			4		
9	8						6	3
		2			6			5
	9				1	6		7
3				7		9		
	4				8			

n° 310594 - Nivel Difícil

7			4	3				5
	9			6				
					7	2	3	
6			5			7	8	
		5				3		
	8	7			1			9
	2	8	7					
				2			5	
3				8	4			7

n° 327761 - Nivel Difícil

4			2					7
		6	7				8	5
		9			5			
					8		1	
3		4		7		2		8
	1		3					
			5			8		
9	2					3	7	
8					9			3

Soluciones :

5	1	2	7	4	3	8	6	9
3	9	7	6	1	8	4	5	2
6	8	4	5	9	2	1	7	3
1	3	9	8	7	4	5	2	6
8	7	6	2	3	5	9	1	4
2	4	5	1	6	9	3	8	7
7	5	3	4	2	1	6	9	8
9	6	1	3	8	7	2	4	5
4	2	8	9	5	6	7	3	1

n° 317587 - Nivel Difícil

4	7	9	3	8	2	1	5	6
8	1	6	7	5	4	3	2	9
2	5	3	1	6	9	8	7	4
7	6	5	8	2	3	4	9	1
9	8	4	5	1	7	2	6	3
1	3	2	4	9	6	7	8	5
5	9	8	2	4	1	6	3	7
3	2	1	6	7	5	9	4	8
6	4	7	9	3	8	5	1	2

n° 3325 - Nivel Difícil

7	1	2	4	3	8	6	9	5
8	9	3	2	6	5	4	7	1
5	6	4	9	1	7	2	3	8
6	3	1	5	9	2	7	8	4
9	4	5	8	7	6	3	1	2
2	8	7	3	4	1	5	6	9
1	2	8	7	5	3	9	4	6
4	7	6	1	2	9	8	5	3
3	5	9	6	8	4	1	2	7

n° 310594 - Nivel Difícil

4	5	1	2	8	6	9	3	7
2	3	6	7	9	4	1	8	5
7	8	9	1	3	5	4	6	2
6	7	2	9	5	8	3	1	4
3	9	4	6	7	1	2	5	8
5	1	8	3	4	2	6	7	9
1	4	3	5	2	7	8	9	6
9	2	5	8	6	3	7	4	1
8	6	7	4	1	9	5	2	3

n° 327761 - Nivel Difícil

n° 314032 - Nivel Difícil

	4		5			1		
				4	7		3	
	3	8				5	9	
	8							5
		9		7		3		
1							8	
	9	5				2	6	
	2		1	6				
		1			3		5	

n° 38645 - Nivel Difícil

	8							9
		9		5	7			
3				8		6		
7	9				8	2		
8		1				7		6
		2	4				1	8
		7		4				3
			7	2		9		
5							6	

n° 36707 - Nivel Difícil

	2	5			3			
	7							
		4	6	8	2			
	6	2				4		
	4			1			8	
		7				1	9	
			4	3	5	9		
							7	
			2			6	5	

n° 316850 - Nivel Difícil

						9		2
		8		7	5			6
	7						3	
		5			7	3		9
	8		5		4		1	
9		7	6			4		
	2						8	
6			8	5		7		
8		1						

Soluciones :

9	4	6	5	3	8	1	2	7
5	1	2	9	4	7	8	3	6
7	3	8	6	2	1	5	9	4
2	8	7	3	1	9	6	4	5
4	5	9	8	7	6	3	1	2
1	6	3	4	5	2	7	8	9
3	9	5	7	8	4	2	6	1
8	2	4	1	6	5	9	7	3
6	7	1	2	9	3	4	5	8

n° 314932 - Nivel Difícil

2	8	5	3	6	4	1	7	9
1	6	9	2	5	7	8	3	4
3	7	4	9	8	1	6	5	2
7	9	3	6	1	8	2	4	5
8	4	1	5	3	2	7	9	6
6	5	2	4	7	9	3	1	8
9	1	7	8	4	6	5	2	3
4	3	6	7	2	5	9	8	1
5	2	8	1	9	3	4	6	7

n° 38645 - Nivel Difícil

6	2	5	1	7	3	8	4	9
8	7	1	5	4	9	2	6	3
3	9	4	6	8	2	7	1	5
1	6	2	9	5	8	4	3	7
9	4	3	7	1	6	5	8	2
5	8	7	3	2	4	1	9	6
7	1	6	4	3	5	9	2	8
2	5	9	8	6	1	3	7	4
4	3	8	2	9	7	6	5	1

n° 36707 - Nivel Difícil

5	4	6	3	1	8	9	7	2
3	9	8	2	7	5	1	4	6
1	7	2	9	4	6	8	3	5
4	6	5	1	8	7	3	2	9
2	8	3	5	9	4	6	1	7
9	1	7	6	2	3	4	5	8
7	2	9	4	6	1	5	8	3
6	3	4	8	5	2	7	9	1
8	5	1	7	3	9	2	6	4

n° 316850 - Nivel Difícil

n° 46483 - Nivel Experto

		1			9	8		
9				6				1
			3		1		7	
5			8			1		
	3						5	
		8			5			3
	5		6		3			
1				8				9
		4	9			2		

n° 414506 - Nivel Experto

	4		7					
	3	1			5			4
	2	6				7		9
	8			3				
			2	8				
			5			4		
5		3				4	6	
4			6			8	7	
				1		9		

n° 411264 - Nivel Experto

8	1					9		4
9			3					
6	7			8				
					4		2	1
			6		1			
1	6		7					
				5			3	8
					3			2
7		1					9	5

n° 428767 - Nivel Experto

					7		2	3
			8			7		
			1				5	9
	8			9			6	4
	6						7	
9	5			4			8	
7	2				4			
		1			3			
8	9		6					

Soluciones :

7	4	1	2	5	9	8	3	6
9	2	3	7	6	8	5	4	1
6	8	5	3	4	1	9	7	2
5	9	7	8	3	6	1	2	4
4	3	6	1	9	2	7	5	8
2	1	8	4	7	5	6	9	3
8	5	9	6	2	3	4	1	7
1	7	2	5	8	4	3	6	9
3	6	4	9	1	7	2	8	5

nº 46483 - Nivel Experto

9	4	5	7	8	6	1	3	2
7	3	1	9	2	5	6	8	4
8	2	6	1	3	4	7	5	9
1	8	7	4	9	3	5	2	6
3	5	4	2	6	8	9	1	7
2	6	9	5	1	7	3	4	8
5	9	3	8	7	2	4	6	1
4	1	2	6	5	9	8	7	3
6	7	8	3	4	1	2	9	5

nº 414506 - Nivel Experto

8	1	3	2	7	6	9	5	4
9	2	4	3	1	5	8	7	6
6	7	5	4	8	9	2	1	3
3	8	7	5	9	4	6	2	1
4	5	9	6	2	1	3	8	7
1	6	2	7	3	8	5	4	9
2	4	6	9	5	7	1	3	8
5	9	8	1	4	3	7	6	2
7	3	1	8	6	2	4	9	5

nº 411264 - Nivel Experto

5	1	9	4	6	7	8	2	3
2	3	6	8	5	9	7	4	1
4	7	8	1	3	2	6	5	9
1	8	2	7	9	5	3	6	4
3	6	4	2	1	8	9	7	5
9	5	7	3	4	6	1	8	2
7	2	3	9	8	4	5	1	6
6	4	1	5	7	3	2	9	8
8	9	5	6	2	1	4	3	7

nº 428767 - Nivel Experto

		2		4			8	
	4				2	7		
8	5			7				
					1			7
6		1				3		5
2			3					
				2			3	6
		4	7				9	
	8			1		5		

n° 48380 - Nivel Experto

	1			7		6		3
		3	8					1
	9				4			
			7				5	
		6	5		3	7		
	5				2			
			1				2	
7					8	4		
2		8		5			6	

n° 424872 - Nivel Experto

			3			1		5
			2	6				8
		3			5		4	
		8					7	
1		2				5		6
	7					8		
	2		5			4		
4				7	1			
7		1			6			

n° 45179 - Nivel Experto

	8	5			4		6	
			3	5				7
				9		5		
			1					6
6	1						2	3
4					3			
		9		6				
2				1	7			
	4		9			8	7	

n° 46040 - Nivel Experto

Soluciones :

7	6	2	9	4	5	1	8	3
1	4	3	8	6	2	7	5	9
8	5	9	1	7	3	2	6	4
4	3	8	6	5	1	9	2	7
6	9	1	2	8	7	3	4	5
2	7	5	3	9	4	6	1	8
9	1	7	5	2	8	4	3	6
5	2	4	7	3	6	8	9	1
3	8	6	4	1	9	5	7	2

nº 48380 - Nivel Experto

8	1	5	2	7	9	6	4	3
4	7	3	8	6	5	2	9	1
6	9	2	3	1	4	5	7	8
3	2	4	7	8	1	9	5	6
9	8	6	5	4	3	7	1	2
1	5	7	6	9	2	3	8	4
5	4	9	1	3	6	8	2	7
7	6	1	9	2	8	4	3	5
2	3	8	4	5	7	1	6	9

nº 424872 - Nivel Experto

2	9	7	3	4	8	1	6	5
5	1	4	2	6	9	7	3	8
8	6	3	7	1	5	2	4	9
6	5	8	1	9	2	3	7	4
1	4	2	8	3	7	5	9	6
3	7	9	6	5	4	8	2	1
9	2	6	5	8	3	4	1	7
4	3	5	9	7	1	6	8	2
7	8	1	4	2	6	9	5	3

nº 45179 - Nivel Experto

3	8	5	7	2	4	1	6	9
9	6	4	3	5	1	2	8	7
7	2	1	8	9	6	5	3	4
8	9	3	1	4	2	7	5	6
6	1	7	5	8	9	4	2	3
4	5	2	6	7	3	9	1	8
5	7	9	2	6	8	3	4	1
2	3	8	4	1	7	6	9	5
1	4	6	9	3	5	8	7	2

nº 46040 - Nivel Experto

n° 53314 - Nivel Imposible

1		5			9			4
	4			2				
9		3	8			1		
		9		5				8
	1		9		6		2	
5				1		4		
		1			8	3		2
				9			5	
8			2			9		6

n° 512221 - Nivel Imposible

	9		6	7			4	
2		4						5
	8			5	4			
3						2		
4		8		6		9		3
		6						4
			3	9			1	
1						8		7
	5			8	1		3	

n° 523973 - Nivel Imposible

	9		6		2		5	
1	6			5			8	9
		5				1		
9				2				8
	3		7		9		2	
2				6				1
		3				9		
6	1			3			7	5
	5		1		6		4	

n° 523820 - Nivel Imposible

4								6
	2		6				7	
		8		3		9		
			2		3		8	
		2		8		7		
	6		4		5			
		6		9		2		
	4				8		3	
2								5

Soluciones :

1	8	5	6	7	9	2	3	4
7	4	6	1	2	3	5	8	9
9	2	3	8	4	5	1	6	7
2	7	9	3	5	4	6	1	8
3	1	4	9	8	6	7	2	5
5	6	8	7	1	2	4	9	3
4	9	1	5	6	8	3	7	2
6	3	2	4	9	7	8	5	1
8	5	7	2	3	1	9	4	6

n° 53314 - Nivel Imposible

5	9	1	6	7	2	3	4	8
2	6	4	8	1	3	7	9	5
7	8	3	9	5	4	6	2	1
3	7	5	1	4	9	2	8	6
4	1	8	2	6	7	9	5	3
9	2	6	5	3	8	1	7	4
8	4	7	3	9	6	5	1	2
1	3	9	4	2	5	8	6	7
6	5	2	7	8	1	4	3	9

n° 512221 - Nivel Imposible

8	9	4	6	1	2	3	5	7
1	6	2	3	5	7	4	8	9
3	7	5	9	4	8	1	6	2
9	4	6	5	2	1	7	3	8
5	3	1	7	8	9	6	2	4
2	8	7	4	6	3	5	9	1
4	2	3	8	7	5	9	1	6
6	1	9	2	3	4	8	7	5
7	5	8	1	9	6	2	4	3

n° 523973 - Nivel Imposible

4	9	7	8	1	2	3	5	6
1	2	3	6	5	9	4	7	8
6	5	8	7	3	4	9	1	2
7	1	4	2	6	3	5	8	9
5	3	2	9	8	1	7	6	4
8	6	9	4	7	5	1	2	3
3	8	6	5	9	7	2	4	1
9	4	5	1	2	8	6	3	7
2	7	1	3	4	6	8	9	5

n° 523820 - Nivel Imposible

www.ingramcontent.com/pod-product-compliance
Lightning Source LLC
Chambersburg PA
CBHW070032260726
48658CB00002B/598